CDMA 2000
无线网络规划与优化

姚美菱　　吴蓬勃　　张　星　　主　编
曲文敬　　张晓博　　李　明　　副主编

化学工业出版社
·北京·

本书根据职业教育的教学特点，用通俗易懂的语言，讲解了 CDMA 系统的基本原理和基本技术，着重讲述了无线网络规划和优化基本技能，让读者对 CDMA 系统规划和优化有一个全面的认识。

本书分为 7 章：主要介绍了移动通信的发展、CDMA 标准的演进、CDMA 系统的工作频率、CDMA 的基本原理、CDMA 系统的特点、CDMA 系统的关键技术；IS-95A 信道组成及其结构、CDMA 2000-1x 信道类型、移动台状态变迁流程；CDMA 2000-1x 系统结构、CDMA 系统基本信令流程；基站天馈系统、天线概念、无线电波传播方式、衰落、无线电波的传播模型；无线网络规划目标、规划流程、无线网络初规划之覆盖规划和容量规划、详细规划，以及 PN 短码规划和邻区列表设置；无线网络优化概念和流程、路测分析法、DT 测试、CQT 测试、网络优化中常调整的参数、常见问题优化思路等；最后是项目实训：鼎立软件的安装与使用。

本书可作为高等职业院校通信类相关专业的教材或教学参考用书，也适合从事移动通信工作的工程技术人员和通信管理人员阅读参考。

图书在版编目（CIP）数据

CDMA 2000 无线网络规划与优化/姚美菱，吴蓬勃，张星主编. —北京：化学工业出版社，2018.5
ISBN 978-7-122-31865-7

Ⅰ.①C… Ⅱ.①姚… ②吴… ③张… Ⅲ.①码分多址移动通信-宽带通信系统-高等职业教育-教材 Ⅳ.①TN929.533

中国版本图书馆 CIP 数据核字（2018）第 061655 号

责任编辑：王听讲　　　　　　　　　　　　装帧设计：王晓宇
责任校对：宋　玮

出版发行：化学工业出版社（北京市东城区青年湖南街 13 号　邮政编码 100011）
印　　刷：北京京华铭诚工贸有限公司
装　　订：北京瑞隆泰达装订有限公司
787mm×1092mm　1/16　印张 10½　字数 254 千字　2018 年 7 月北京第 1 版第 1 次印刷

购书咨询：010-64518888（传真：010-64519686）　　售后服务：010-64518899
网　　址：http://www.cip.com.cn
凡购买本书，如有缺损质量问题，本社销售中心负责调换。

定　　价：39.00 元

前言
Preface

　　CDMA 技术是第三代移动通信的核心技术，国内三家运营商的 3G 网络均是基于 CDMA 技术的。其中，中国电信经营的 CDMA 2000 是从其 2G 窄带的 CDMA——IS-95A 系统连贯演进而来，而联通和移动的 WCDMA 和 TD-SCDMA 对应的 2G 基础是 GSM，其发展过程中有革命性的变化。

　　本书根据职业教育的教学特点，用通俗易懂的语言，基于 CDMA 的基本原理，讲解了 CDMA 系统的基本技术，介绍了中国电信经营的 2G 窄带的 CDMA，包括 IS-95A 系统和 3G 网络 CDMA 2000 系统，着重讲述了无线网络规划和优化基本技能，让读者不但掌握 CDMA 2000 系统基本知识、基本概念，还能探索站点勘察、无线网络规划、测试和无线网络优化的基本技能。通过本书的学习，读者将对 CDMA 系统规划和优化有一个全面的认识。本书各章主要内容如下。

　　第 1 章 CDMA 系统概述　介绍移动通信的发展、CDMA 标准演进、CDMA 系统的工作频率、CDMA 基本原理、CDMA 系统的特点、CDMA 系统的关键技术等。

　　第 2 章 CDMA 系统的信道　介绍 IS-95A 信道组成及其结构、CDMA 2000-1x 信道类型，移动台状态变迁流程等。

　　第 3 章 CDMA 系统的网络结构及信令流程　介绍 IS-95A 和 CDMA 2000-1x 系统结构、CDMA 系统基本信令流程等。

　　第 4 章 天线与电波传播　介绍基站天馈系统、天线概念、无线电波传播方式、衰落、无线电波的传播模型。

　　第 5 章 CDMA 系统的无线网络规划　介绍无线网络规划目标、规划流程，无线网络初规划之覆盖规划和容量规划、详细规划之 PN 短码规划和邻区列表设置。

　　第 6 章 CDMA 系统的无线网络优化　介绍无线网络优化概念和流程、路测分析法、DT 测试、CQT 测试、网络优化中常调整的参数、常见问题优化思路等。

　　第 7 章 实训：鼎立软件安装及其使用　主要包括鼎立前台路测软件安装、鼎力前台测试软件使用方法和鼎利后台分析软件的使用 3 个实训项目。

　　本书编写立足学生本位，内容实用、理论联系实际、易教易学，可作为高等职业院校通信类相关专业的教材或教学参考用书，也适合从事移动通信工作的工程技术人员和通信管理人员阅读参考。

本书由石家庄邮电职业技术学院的姚美菱、吴蓬勃、张星担任主编，石家庄邮电职业技术学院曲文敬、石家庄信息工程职业学院张晓博及河北省城乡规划设计研究院李明担任副主编，石家庄邮电职业技术学院韩静和辽宁装备制造职业技术学院乔莉也参加了本书的编写工作。

　　由于时间仓促及编者学识所限，书中内容难免会有欠妥之处，恳请读者批评指正。读者在使用本书的过程中，如有什么疑问与建议，烦请与我们联系。

编　者

目录

Contents

第 5 章

CDMA 系统的无线网络规划

072 ————

第 6 章

CDMA 系统的无线网络优化

094 ————

第 **7** 章

实训：鼎立软件的安装及 其使用

122

第 1 章 CDMA系统概述

1.1 移动通信的发展

20 世纪 70 年代初，美国贝尔实验室提出了蜂窝系统的概念和理论。蜂窝移动通信系统进入快速发展期，十年一代，目前已经进入了第四代，见表 1-1。

表 1-1 蜂窝移动通信系统的演变

项目	第一代	第二代	第三代	第四代
特征	模拟	数字	多媒体	多媒体
业务	语音	语音、低速数据	语音、高速数据	高速数据
主流标准	AMPS，TACS	GSM，N-CDMA	WCDMA，CDMA 2000，TD-SCDMA	LTE，WIMAX
起始时间	20 世纪 80 年代	20 世纪 90 年代	2000 年	2010 年

1.1.1 第一代蜂窝移动通信系统

20 世纪 70 年代末，第一代蜂窝移动通信系统诞生于美国贝尔实验室，即著名的先进移动电话系统 AMPS。其后，北欧（丹麦、挪威、瑞典、芬兰）和英国相继研制和开发了类似的 NMTS（Nordic Mobile Telephone System）和 TACS（Total Access Communication System）等移动通信系统。

仅仅几年后，采用模拟制式的第一代蜂窝移动通信系统就暴露出了容量不足、业务形式单一、漫游能力差（标准多）、安全性差等严重弊端。

中国在 1987 年开始使用模拟制式蜂窝电话通信。1987 年 11 月，第一个移动电话局在广州开通。

1.1.2 第二代蜂窝移动通信系统

第二代蜂窝移动通信系统（2G）采用数字制式，提供了更高的频谱利用率、更好的数据业务和通信质量以及比第一代系统更先进的漫游功能。

典型的第二代蜂窝移动通信系统包括：居于主导地位的欧洲的 GSM 系统（全球移动通信系统）、美国的 N-CDMA（窄带 CDMA）系统（即 IS-95）。

随着互联网业务的发展，手机上网成为 20 世纪 90 年代人们的期望，于是在第二代系统的基础上架构出了适应上网业务的 2.5 代网络。

基于 GSM 的 2.5 代网络是 GPRS（通用分组无线业务），GPRS 引入了分组交换技术，仅在实际传送和接收数据时才占用无线资源，高效传输数据和信令，优化了网络资源和无线资源的利用。该技术定义了新的无线信道，分配灵活，提高了信道利用率，小区内多个用户可共享一条无线信道同时通信，若某用户所需传输的数据量大而信道尚有空闲时，则可同时占用同一载波的多个时隙通信，满足了数据业务的突发性要求，最高速率理论值可达 $21.4 \times 8 = 171.2$（Kbps）。

基于 N-CDMA 的 2.5 代网络是 CDMA 2000-1x，CDMA 2000-1x 与 GPRS 类似，也引入了分组交换技术、定义了新的信道，其数据速率可达 153Kbps。

我国的第二代系统始于 1994 年建设的 GSM/GPRS 系统，常称之为 G 网，G 网工作于 900MHz 频段，频带比较窄，随着移动电话用户数量的迅猛增长，许多地区的 G 网已出现因容量不足而达到饱和的状态。为了满足广大用户的需求，将 GSM 的工作频段扩展至 1800MHz，即 DCS 1800 系统（Digital Celluiar system at 1800MHz），或简称"D"网。DCS 1800 系统的基本体制和 GSM 900 系统完全一致，只是工作于 1800MHz 频段，现在大部分城市都是 DCS 1800 系统和 GSM 900 系统同时覆盖，即双频网。目前 GSM 网在中国有两个，分别由中国移动和中国联通经营。

我国的第二代系统还包括老联通公司在 1998 年建设的 N-CDMA/CDMA 2000-1x，目前该网由中国电信经营。

1.1.3　第三代蜂窝移动通信系统

固定宽带互联网业务蓬勃发展，家庭上网带宽从 2Mbps 提升到 4Mbps、8Mbps、10Mbps、20Mbps，2.5 代移动网络 153Kbps 的网速严重压抑着移动用户上网的需求，于是推出第三代移动通信系统。

第三代移动通信系统，称为 IMT-2000，意即该系统工作在 2000MHz 频段，最高业务速率可达 2000Kbps，在 2000 年左右得到商用。主要体制有欧洲的 WCDMA、美国的 CD-MA 2000 和我国提出的 TD-SCDMA。

其数据传输速率在车辆上可以达到 144Kbps、在室外步行时可以达到 384Kbps、在建筑物里可以达到 2Mbps。与第二代移动通信系统相比，能支持多媒体业务，特别是宽带上网业务。

在中国，2009 年 1 月，工业和信息化部正式发放 3G 牌照：批准中国移动通信集团公司经营基于 TD-SCDMA 技术制式的第三代移动通信（3G）业务，中国电信集团公司经营基于 CDMA 2000 技术制式的 3G 业务，中国联合网络通信集团公司经营基于 WCDMA 技术制式的 3G 业务。

1.1.4　第四代蜂窝移动通信系统

由于 3G 核心网还没有完全脱离 2G 的核心网结构，所以普遍认为 3G 是一个从窄带向未来宽带移动通信系统的过渡。很多国家已经部署了第四代移动通信系统。

4G 技术又称 IMT-Advanced 技术，从 2009 年初开始，ITU 在全世界范围内征集 IMT-Advanced 候选技术。技术标准分为 2 大类，一类是基于 3GPP 的 LTE（Long Term Evolution，长期演进）的技术，我国提交的 TD-LTE-Advanced 是其中的 TDD 部分。另外一类是基于 IEEE 802.16m 的技术。

2012 年 1 月 18 日，国际电信联盟在 2012 年无线电通信全会全体会议上，正式审议通过将 LTE-Advanced 和 WirelessMAN-Advanced（802.16m）技术规范确立为 IMT-Advanced（俗称"4G"）国际标准。主流标准为 LTE-Advanced，其特征如下。

（1）建立在新的频段（比如 5～8GHz 乃至更高）上的无线通信系统。

（2）基于分组数据的高速率传输，可实现三维图像高质量传输。在静止条件下，传输数据速率应为 1Gbps。在运动条件下，传输数据速率应为 100Mbps。

（3）真正的"全球一统"（包括卫星部分）系统。

（4）基于全新网络体制的系统，或者说其无线部分将是对新网络（智能的、支持多业务的、可进行移动管理）的"无线接入"。

（5）不再是单纯的（传统意义上）的"通信"系统，而是融合了数字通信、数字音/视频接收和因特网接入的崭新系统。

用户将使用各种各样的移动设备接入 4G 系统中，各种不同的接入系统结合成一个公共的平台，它们互相补充、互相协作以满足不同的业务的要求，移动网络服务趋于多样化，最终将演变为社会上多行业、多部门、多系统与人们沟通的桥梁。

1.2　CDMA 标准演进

CDMA 2000 标准具有良好的兼容性，CDMA 2000 的标准演进和技术发展现状如图 1-1 所示。

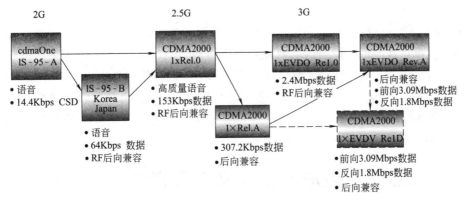

图 1-1　CDMA 2000 的标准演进图

1）CDMA 2000-1x

CDMA 2000-1x 原意是指 CDMA 2000 的第一阶段（速率高于 IS-95，低于 2Mbps），在 3G 领域泛指前向信道和反向信道均用码片速率 1.2288MChip/s 的单载波直接序列扩频方式。它可以方便地与 IS-95（A/B）后向兼容，实现平滑过渡。运营商可在某些需求高速数据业务而导致容量不够的蜂窝（IS-95）上，用相同载波部署 CDMA 2000-1x 系统，从而减少了用户和运营商的投资。

CDMA 2000-1x 有多个版本。如 CDMA 2000-1x Rel 0 版本支持分组数据业务，峰值速率可以达到 153.6Kbps；CDMA 2000-1x Rel A 版本可以达到 307.2Kbps。

2）CDMA 2000-1x EV

CDMA 2000-1x EV 是在 CDMA 2000-1x 的基础上进一步提高速率的增强体制，采用高速率数据技术，能在 1.25MHz（同 CDMA 2000-1x）带宽内提供 2Mbps 以上的数据业务，是依托在 CDMA 2000-1x 基础上的增强型 3G 系统。除基站信号处理部分及用户手持终端不同外，它能与 CDMA 2000-1x 共享原有的系统资源。

CDMA 2000-1x EV 的演进分为两个阶段，第一个阶段是 CDMA 2000-1x EV-DO，第二个阶段是 CDMA 2000-1x EV-DV。

3）CDMA 2000-1x EV-DO

CDMA 2000-1x EV-DO（Data Only）采用将数据业务和和语音业务分离的思想，在独立于 CDMA 2000-1x 的载波上向移动终端提供高速无线数据业务，在这个载波上不支持话音业务。

目前有 3 个版本。Rel 0（前向最高速率 2.4Mbps，反向最高速率 153.6Kbps）针对高速分组数据传输的特点，在前向链路上采用了诸如前向最大功率发送、动态速率控制、自适应编码调制、HARQ、快速调度等多项技术，前向链路速率可达 2.46Mbps；而对于反向链路上的数据传输和 CDMA 2000-1x 基本相同。

Rel A（前向最高速率 3.1Mbps，反向最高速率 1.8Mbps）提高了反向速率。

Rel B 支持高达 20MHz 的带宽，支持多达 15 个 1.25MHz 载频（2x，…，15x），峰值速率达 73.5Mbps，更高的频谱效率，低终端功耗，更长的电池寿命。

4）CDMA 2000-1x EV-DV

CDMA 2000-1x EV-DV（Data and Voice）克服了 CDMA 2000-1x EV-DO 在资源共享以及组网方面的缺陷，重新将数据业务和语音业务合并到一个载波中，使频率资源得到了有效利用。

由于 CDMA 2000-1x/EV-DV 系统将语音和数据业务合并在一个载波中实现，与传统的方式相同，所以，其网络结构仍然是传统的网络结构，CDMA 2000-1x EV-DV 可完全后向兼容 CDMA 2000-1x，前向峰值速率达到 3.1Mbps，反向峰值速率达到 1.8Mbps。

相比于 CDMA 2000-1x，CDMA 2000-1x EV-DV 可以提供更高的数据速率和更完善的 QoS 机制。但 CDMA 2000-1x EV-DV 技术控制复杂，成本较高，目前只有很少运营商垂青。大部分运营商选择了 CDMA 2000-1x EV-DO。

1.3　CDMA 2000-1x EV-DO 简介

CDMA 2000-1x EV-DO（CDMA 2000-1x RTT EVolution to packet Data Optimized 简称：1x EV-DO），为分组数据和分组语音优化设计的第三代移动通信系统。利用单独的载频实现高速数据传输，1x EV-DO 又叫做 Data Only。其优点：多个接入终端（AT）实际上时分复用所有载频资源进行数据传递，控制简单，成本较低；其缺点：由于话音和数据呼叫的呼叫模型不同，可能会导致频率资源浪费。

1）1x EV-DO 发展现状

1x EV-DO 可以与 IS-95 A、CDMA 2000-1x 处于同一频段。目前有 3 个版本：Rel 0 前向峰值数据速率 2.45Mbps，反向峰值数据速率 153.6Kbps；Rel A 前向峰值数据速率 3.1Mbps，反向峰值数据速率 1.8Mbps；Rel B 第一阶段前向峰值数据速率 9.3Mbps；反向峰值数据速率 5.4Mbps，前反向速率都是 Rel 0 的 3 倍；Rel B 第二阶段前向峰值数据速率 14.7Mbps，反向峰值数据速率 5.4Mbps。

CDMA 2000-1x EV-DO 已在全世界范围内大规模商用。CDMA 2000-1x EV-DORel 0

版本由于前反向速率的巨大差异，因此适合非对称的高速下载业务场景；CDMA 2000-1x EV-DO Rel A 版本则新引入了多项关键技术，不但大幅提升了反向吞吐量，同时在链路时延方面亦有较大改善，DO Rel A 标准中重点引入了 QOS 技术，在无线带宽一定的前提下，可为用户提供良好的业务体验。

1x EV-DO 可以单独组网，也可以与 CDMA 2000-1x 混合组网弥补 CDMA 2000-1x 数据能力的不足。1x EV-DO 与 CDMA 2000-1x 在无线接入网逻辑功能上是相互独立的，分组核心网可以共用。覆盖上，CDMA 2000-1x 是对称的，1x EV-DO 是不对称的，但二者前反向链路预算相差不多，二者可以共站址、共天馈。二者在频段、带宽、覆盖、规划上有很多共同之处，混合组网可以充分利用 CDMA 2000-1x 的投资、规划经验、优化经验，降低规划、建设、优化、运维成本。

现在中国电信的 1x EV-DO 网络就是基于原来 CDMA 2000-1x 网络建设的。

2）EV-DO Rel A 的特点

CDMA 2000-1x EV-DO Rel A 能够在 1.25MHz 的单载频上提供 3.1Mbps 的峰值速率，能适应有突发性大数据量需求的应用场合。CDMA 2000-1x EV-DO Rel A 对 IP 协议提供了有力的支持，能够承载由 IP 协议支撑的各类主流应用，方便用户在任何时间、任何地点同 Internet/Intranet 交互。综合来讲，具有如下特色。

（1）系统的特点。使用一个独立的 1.25MHz 载频来提供数据业务，不和语音业务共享资源，控制实现简单；

针对数据业务对时延和抖动不敏感，能容忍一定差错的特点，全面采用 Turbo 编码，以最大化系统吞吐量；

去掉了话音业务的 QoS 限制，针对数据业务提供了多级 QoS；

结构设计和主流的 IP 骨干网相容，网络侧无论硬件还是软件均无需针对无线侧做任何改动；

可以和 IS-95、CDMA 2000-1x 系统共基站，可以重用原系统的射频设备，实现系统的平滑升级，用户借助双模式 AT（Access Terminal，接入终端），可以分别获得最优的语音和数据业务。

（2）前向链路的特点。采用时分复用方式，所有属于同一最佳服务扇区的用户共享唯一的数据业务信道，峰值速率可达 3.072Mbps；

没有功率控制的概念，基站在任何时候以全功率发射，并根据 AT 的反馈信息进行动态速率控制；

采用虚拟软切换，当 AT 接收数据时，只接收激活集中一个扇区发送的数据，AT 按照一定的策略选择最佳服务扇区；

采用调度算法，动态调度分组数据的传输。

（3）反向链路的特点。采用码分复用方式，峰值速率可达 1.8432Mbps；

采用快速动态功率控制和速度控制对反向链路的负荷进行调节；

采用软切换，可同时向多个扇区发送数据；通过反向导频进行相干解调。

（4）CDMA 2000-1x EV-DO 总体网络结构。由于 CDMA 2000-1x EV-DO 技术仅支持数据业务，所以从网络结构上看，其网络结构比较简单。系统仅由 AT、AN、PCF、PDSN、AAA 等设备构成，也就是说，CDMA 2000-1x EV-DO 采用基于 IP 网的结构，不需要 ANSI-41 的核心网结构。网络结构如图 1-2 所示。

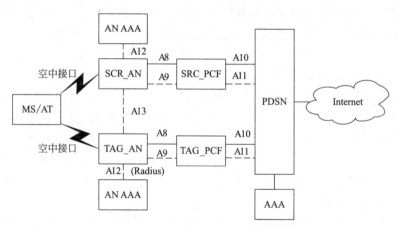

图 1-2　CDMA 2000-1x EV-DO 的网络结构

　　图 1-2 中 AT 是接入终端，其功能类似于传统网络中的移动台。对于数据业务来说，终端的形式可能是多种多样的（如 PDA 等），并且数据处理部分和数据收发部分可能分开。与接入终端相对应，传统意义上的基站被称为接入网络（AN）。在图 1-2 中，当接入终端发生切换时，源接入网络和目标接入网络分别被叫做 SRC＿AN 和 TAG＿AN。PCF（分组控制单元）和 PDSN（分组数据服务节点）的功能与 CDMA 2000-1x 系统相同。AAA（认证、授权、计费）负责对用户进行认证，AN AAA 完成 AN 级的认证功能。

　　接口主要包括空中接口、A8/A9 接口、A12/A13 接口。A8/A9 接口、A10/A11 接口的功能与 CDMA 2000-1x 相同，A12、A13 接口是新增的。其中 A12 接口链接源、目标 AN与 AN AAA，只传送信令。该接口主要完成 AN 级的认证功能，同时 AN AAA 向 AN 返回AT 在 A8/A9 接口、A10/A11 接口需要使用的 MN ID（IMSI）。A13 接口也是信令接口，主要用于不同 AN 间切换时，交换 AT 的相关信息。

　　1x EV-DO 保持了与 CDMA 2000-1x 在设计和网络结构上的兼容性。在无线射频部分，1x EV-DO 具有与 CDMA 2000-1x 相同的射频特性及实现方式，升级时可以直接使用已有的CDMA 2000-1x 射频部分。但 1x EV-DO 与 1x 不完全兼容，1x EV-DO 单模终端不能在CDMA 2000-1x 网络中通信，同样 CDMA 2000-1x 单模终端也不能在 1x EV-DO 网络中通信。在组网方面，对于那些只需要分组数据业务的用户，1x EV-DO 可以单独组网，此时的核心网配置可采用基于 IP 协议的、较为简单的网络结构；对于同时需要语音、数据业务的用户，可以与 CDMA 2000-1x 联合组网，同时提供语音与高速分组数据业务，不过这时用户终端需要采用同时支持 1x EV-DO 与 CDMA 2000-1x 的双模终端。

1.4　CDMA 系统的工作频率

　　CDMA 2000-1x EV-DO 分配的频率是国际电联 ITU 分给 IMT-2000 中 FDD 频段：1920～1980MHz/2110～2170MHz，另外还有补充频段：1755～1785MHz/1850～1880MHz，上下行各占用 60MHz＋30MHz（对称频段）。

　　CDMA 2000-1x EV-DO 应该工作在 ITU 规定的 3G 频段上；但是由于 1x EV-DO 系统的码片速率、带宽、发射功率及基带成形滤波器系数等与 CDMA 2000-1x 一致，CDMA 2000-1x EV-DO 也可以与 CDMA 2000-1x 使用相同的频段和载波带宽，只是在混合组网时各自使用不同的频点号。

标准未指定 1x EV-DO 工作频段内的首选频点号，当 1x EV-DO 与 CDMA 2000-1x 工作在相同的频段时，可以灵活配置工作频点。故目前中国电信 N-CDMA 网、CDMA 2000-1x、CDMA 2000-1x EV-DO 均工作在 800MHz。800MHz 上共有 7 个载波的宽带，目前频率规划按照 N-CDMA、CDMA 2000-1x 从频段高段往下走，CDMA 2000-1x EV-DO 从低段开始往上走的原则进行，如图 1-3 所示，即目前 N-CDMA、CDMA 2000-1x 用 283 号、242号、201 号等频道，而 CDMA 2000-1x EV-DO 用 37 号、78 号等频道。

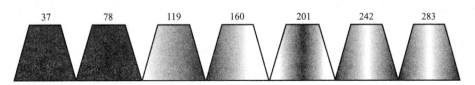

图 1-3　中国电目前 800MHz 宽带的 7 个载波

每个频道的中心频率：基站收（上行）：825.00＋0.03N（MHz），基站发（下行）：870.00＋0.03N（MHz）。

1.5 CDMA 的基本原理

1.5.1 多址技术

在蜂窝移动通信系统中，有许多用户要同时通过一个基站和其他用户进行通信。因此存在这样的问题：基站怎样区分众多用户的信号，用户怎样从基站发出的信号中识别出自己的信号。这个问题的解决方法就是多址技术。

不论是用户发出的信号，还是基站发出的信号，若每个信号都具有不同的特征，则可根据不同的特征来区分出不同的信号。

信号的特征表现在这样几个方面：信号的工作频率、信号出现的时间、信号具有的波形、信号出现的空间。根据这些特征，相对应的有 4 种多址方式，即频分多址（FDMA）、时分多址（TDMA）、码分多址（CDMA）、空分多址（SDMA）。

1）频分多址

频分多址（Frequency Division Multiple Access，FDMA）是用信号的不同频率来区分信号。对一个通信系统，对给定的一个总的频段，划分成若干个等间隔的频道（又叫信道），每个不同频道分配给不同的用户使用。

FDMA 是一种最基本的多址方式，任何一个移动通信系统中都有应用。WCDMA 系统频道宽带 5MHz，N-CDMA 系统、CDMA 2000 系统频道宽带 1.23MHz，TD-SCDMA 中频道宽带 1.6MHz。通常在 FDMA 的基础上还应用其他的多址技术。

2）时分多址

时分多址（Time Division Multiple Access，TDMA）是基于时间分割信道。即把时间分割成周期性的时间段（时帧），对一个时帧再分割成更小的时间段（间隙），然后根据一定的分配原则，使每个用户在每个时帧内只能按指定的时隙收发信号。

用这种"分时复用"的方式，可以使同频率的用户"同时"工作，有效地利用了频率资源，提高了系统的容量。

3）码分多址

码分多址（Code Division Multiple Access，CDMA）的原理是，任何一个发送方都要把自己发送的01代码串中的每一位，编码成 m 个码片（Chip）。通常 m 取 2^n 片，这样将原先要发送的信号速率提高了 2^n 倍。为了简便，现假定码片序列为 8 位，又假定用码片序列00011011表示1，当发送 0 时则用其反码11100100。但这种码片序列是双极型表示的，即 0 用－1 表示，1用＋1 表示。

码分多址系统中每个站点都有自己唯一的码片序列，而且所有站点的码片序列都是两两正交的。如用符号 S 来表示站点 S 的 m 维码片序列，正交意味着如果 S 和 T 是两个不同的码片序列，其内标积（表示为 $S \cdot T$）均为 0。内标积就是对 2 个双极型码片序列中相对应的 m 位相乘之和、在除以 m 的结果，可用下式表示：

$$S \cdot T = \frac{1}{m} \sum_{i=1}^{m} S_i \cdot T_i = 0$$

其正交特性是极其关键的，任何码片序列与自己的内标积均为 1。

$$S \cdot S = \frac{1}{m} \sum_{i=1}^{m} S_i \cdot S_i = 1$$

CDMA 系统依赖码的正交性，以区分地址，故在频率、时间上都可能重叠，如图 1-4 所示。故其接收端信噪比非常低，如在一个 BS 下有 20 人同时通信，信噪比为 1/19，一般的接收机难以解调，需要扩频通信技术来提升信噪比。

在实际应用中，一般使用多种基本多址方式的混合方式，如窄带 CDMA 系统是 FD-MA/CDMA 多址方式，TD-SCDMA 系统是 FDMA/TDMA/CDMA/SDMA 多址方式。

4）空分多址（SDMA）

SDMA 实现的核心技术是智能天线的应用，理想情况下它要求天线给每个用户分配一个点波束，这样根据用户的空间位置，就可以区分每个用户的无线信号，如图 1-5 所示。换句话说，处于不同位置的用户，可以在同一时间使用同一频率和同一码型而不会相互干扰。

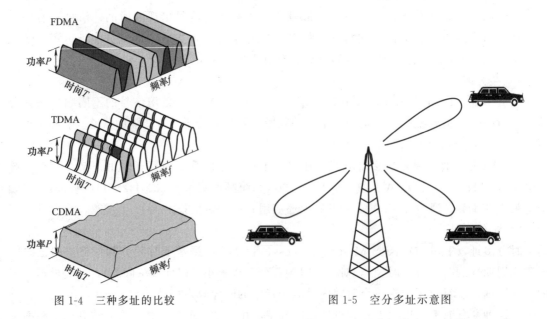

图 1-4　三种多址的比较　　　　　　　　　图 1-5　空分多址示意图

实际上，SDMA 通常都不是独立使用的，而是与其他多址方式，如 FDMA、TDMA 和 CDMA 等结合使用。也就是说，对于处于同一波束内的不同用户，再用这些多址方式加以区分。

应用 SDMA 的优势是明显的：它可以提高天线增益，使得功率控制更加合理有效，能显著地提升系统容量。此外，一方面，可以削弱来自外界的干扰；另一方面，还可以降低对其他电子系统的干扰。

SDMA 实现的关键是智能天线技术，这也正是当前应用 SDMA 的难点。特别是对于移动用户，由于移动无线信道的复杂性，使得智能天线中关于多用户信号的动态捕获、识别与跟踪以及信道的辨识等算法极为复杂，空分多址在由中国提出的第三代移动通信标准 TD-SCDMA 中就应用了 SDMA 技术，此外，在卫星通信中也有应用。

1.5.2　扩频通信技术

1）扩频通信的理论基础

扩频通信的基本思想和理论依据是香农（Shannon）公式。香农在信息论的研究中得出了信道容量的公式：

$$C = B \times \log_2(1 + S/N)$$

式中，C：信道容量，bps；B：信号频带宽度，Hz；S：信号平均功率，W；N：噪声平均功率，W。

这个公式指出：如果信道容量 C 不变，则信号带宽 B 和信噪比 S/N 是可以互换的。只要增加信号带宽，就可以在较低的信噪比的情况下，以相同的信息速率来可靠地传输信息。甚至在信号被噪声淹没的情况下，只要相应地增加信号带宽，仍然能保持可靠的通信。也就是说，可以用扩频方法以宽带传输信息来换取信噪比上的好处。

2）扩频与解扩频过程

扩频通信技术是一种信息传输方式，在发送端采用扩频码调制，使信号所占的频带宽度远大于所传信息必需的带宽；在接收端采用相同的扩频码进行相干解调来恢复所传信息数据。

在现行的码分多址蜂窝移动通信系统中，普遍采用的是直接序列扩频技术。

直接序列扩频，简称直扩（DSSS），就是直接用具有高码率的扩频码序列在发送端去扩展信号的频谱。而在接收端，用相同的扩频码序列去进行解扩，把展宽的扩频信号还原成原始的信号。

如图 1-6 所示为整个扩频与解扩频过程。

信息数据经过常规的数据调制，变成窄带信号（假定带宽为 B_1）。

窄带信号经扩频编码发生器产生的伪随机编码（Pseudo Noise Code，PN 码）扩频调制，形成功率谱密度极低的宽带扩频信号（假定带宽为 B_2，B_2 远大于 B_1）。窄带信号以 PN 码所规定的规律分散到宽带上后，被发射出去。

在信号传输过程中会产生一些干扰噪声（窄带噪声、宽带噪声）。

在接收端，宽带信号经与发射时相同的伪随机编码扩频解调，恢复成常规的窄带信号。即依照 PN 码的规律从宽带中提取与发射对应的成分，形成普通的窄带信号。再用常规的通信处理方式将窄带信号解调成信息数据。干扰噪声则被解扩成跟信号不相关的宽带信号。

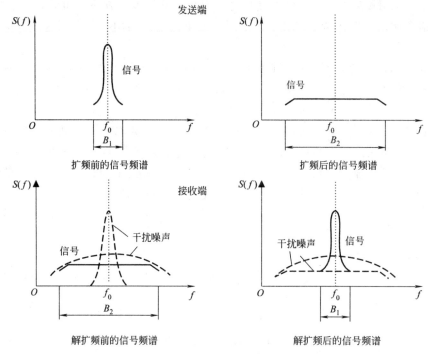

图 1-6　扩频与解扩频过程

3）处理增益

处理增益表明扩频通信系统信噪比改善的程度，是系统抗干扰的一个性能指标。理论分析表明，各种扩频通信系统的抗干扰性能与信息频谱扩展前后的扩频信号带宽比例有关。

一般把扩频信号带宽 W 与信息带宽 ΔF 之比称为处理增益 G_p，即

$$G_p = \frac{W}{\Delta F}$$

4）扩频通信技术特点

扩频通信技术具有以下特点。

（1）抗干扰能力强。在扩频通信技术中，发送端信号被扩展到很宽的频带上发送，在接收端扩频信号带宽被压缩，恢复成窄带信号。干扰信号与扩频伪随机码不相关，被扩展到很宽的频带上后，进入与有用信号同频带内的干扰功率大大降低，从而增加了输出信号信干比，因此具有很强的抗干扰能力。抗干扰能力与频带的扩展倍数成正比，频谱扩展得越宽，抗干扰的能力越强。

（2）可进行多址通信。CDMA扩频通信系统虽然占用了很宽的频带，但由于各网在同一时刻共用同一频段，其频谱利用率高，因此可支持多址通信。

（3）保密性好。扩频通信系统将传送的信息扩展到很宽的频带上去，其功率密度随频谱的展宽而降低，甚至可以将信号淹没在噪声中，因此，其保密性很强。要截获、窃听或侦察这样的信号是非常困难的，除非采用与发送端相同的扩频码且与之同步后进行相关检测，否则对扩频信号的截获、窃听或侦察是不可能的。

（4）抗多径干扰。在移动通信、室内通信等通信环境下，多径干扰非常严重。系统必须具有很强的抗干扰能力，才能保证通信的畅通。扩频通信技术利用扩频所用的扩频码的相关特性来达到抗多径干扰，甚至可利用多径能量来提高系统的性能。

当然，扩频通信还有很多其他优点。例如：精确地定时和测距、抗噪声、功率谱密度低、可任意选址等。

5）CDMA 系统扩频的实现方式

CDMA 系统扩频采用的是直接序列扩频。

直接序列扩频（Direct Sequence Spread Spectrum，DSSS），简称直扩（DS），就是用高速率的扩频序列在发射端将窄带信号扩展成宽带信号，而在接收端利用伪码的相关性，通过相同的扩频码序列进行解扩，把展开的扩频信号还原成原来的窄带信号。

直接序列扩频是直接用伪噪声序列对载波进行调制，要传送的数据信息需要经过信道编码后，与伪噪声序列进行模 2 加生成复合码去调制载波。接收端在收到发射信号后，首先通过伪码同步捕获电路来捕获伪码精确相位，并由此产生跟发送端的伪码相位完全一致的伪码相位，作为本地解扩信号，以便能够及时恢复出数据信息，完成整个直扩通信系统的信号接收。

宽带无用信号与本地伪码不相关，因此不能解扩，仍为宽带谱；窄带无用信号被本地伪码扩展为宽带谱。由于无用的干扰信号为宽带谱，而有用信号为窄带谱，因此可以用一个窄带滤波器排除带外的干扰电平，于是窄带内的信噪比就大大提高了。

通常 CDMA 可以采用连续多个扩频序列进行扩频，然后以相反的顺序进行频谱压缩，恢复出原始数据，如图 1-7 所示。

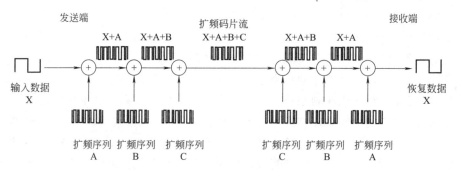

图 1-7 多次连续扩频

直接序列扩频可以抗多径、抗干扰、抗衰落。

（1）直接序列扩频抗多径。直接序列扩频抗多径的原理是：当发送的直接序列扩频信号的码片（chip）宽度小于或等于最小多径时延差时，接收端利用直扩信号的自相关特性进行相关解扩后，将有用信号检测出来，从而具有抗多径的能力。

若最小多径延迟时间差为 $1\mu s$，则要求直扩信号的码片宽度小于或等于 $1\mu s$，即要求码片速率大于或等于 1Mcps。在窄带 CDMA 数字蜂窝移动通信系统的标准 IS-95A 中，采用的码片速率为 1.23Mcps。因此，它可抗 $1\mu s$ 的多径干扰。若利用直接序列扩频技术进行多径的分离与合并时，则可构成 CDMA 系统中的 RAKE 接收机，从而实现时间分集的作用。

（2）直接序列扩频抗干扰。直接序列扩频抗蜂窝系统内部和外部干扰的原理，也是利用直扩信号的自相关特性，经相关接收和窄带通滤波后，将有用信号检测出来，而那些窄带干扰和多址干扰都处理为背景噪声。其抗干扰的能力可用直接序列扩频处理增益来表征。

（3）直接序列扩频抗衰落。直接序列扩频抗衰落是指抗频率选择性衰落。当直扩信号的频谱扩展宽度远大于信道相关带宽时，其频谱成分同时发生衰落的可能性很小，接收端通过对直接扩频信号的相关处理，则起到频率分集的作用。换句话说，这种宽带扩频信号本身就具有频率分集的属性。

1.5.3　CDMA 通信系统中的码的类型

CDMA 系统借助码的正交性区分小区、区分小区内的用户、区分同一用户使用的不同业务、区分小区内同一载频下的多个信道，故需要地址码。

CDMA 系统中的相邻小区、相邻用户可以同频率、同时间工作，需要扩频通信技术来提升信噪比，即 CDMA 数字移动通信系统离不开扩频技术。所以 CDMA 系统需要扩频码。

在 CDMA 数字移动通信系统中，地址码序列几乎都还有扩展频谱的作用，要求其有良好的伪随机特性和相关性能。地址码性能关系到 CDMA 系统的容量、抗多址干扰、抗多径衰落的能力，关系到信息数据的隐蔽和保密，关系到捕获与同步系统的实现。

扩频码需要有区分度，也就是所谓的正交。要求其有互相关特性，用自身的扩频码可以解扩出信号，而其他的扩频码不可以解扩出信号。自相关特性，自身的时延不影响解扩出信号。具有随机性但不是真正的随机序列，应具有一定的周期性，具有尽可能长的周期以对抗干扰。

总之，理想的地址码和扩频码主要具有如下特性：

① 有足够多的地址码码组；

② 有尖锐的自相关特性；

③ 有处处为零的互相关特性；

④ 不同码元数平衡相等；

⑤ 尽可能大的复杂度；

⑥ 具有近似白噪声的频谱，即近似连续谱且均匀分布。

理论上说，只要用纯随机序列作为地址码和扩频码才是最理想的。但是，要同时满足这些特性的码是任何一种编码序列很难达到的。另一方面接收机必须产生与发送端码序列相同的本地码序列，真正的伪随机序列或噪声不可能重复产生。因此，只能产生一种周期性的序列来近似伪随机序列和噪声，称为伪随机码和伪噪声 PN 序列。伪随机序列（或称 PN 码）具有类似于噪声序列的性质，是一种貌似随机但实际上是有规律的周期性二进制序列。伪随机码具有尖锐的自相关特性和较好的互相关特性，同一码组内的各码占据的频带可以做到很宽并且相等。但是伪随机码由于其互相关值不是处处为零，用作扩频码且同时作为地址码时，系统的性能将受到一定的影响。伪随机码有一个很大的家族，包含很多的码组，例如 m 序列、Gold 序列、M 序列、R-S 码和复合码等，但经常使用的有 m 序列和 Gold 序列。

沃尔什（Walsh）码是一种正交码序列，采用 Walsh 码作为地址码具有良好的自相关特性和处处为零的互相关特性。但是 Walsh 码内的各码组由于所占频谱宽度不同等原因，不能作为扩频码。

正交可变扩频因子码也是一种正交码序列，用在数据业务速率高低相差悬殊的系统中，如 3G 中。

下面分别介绍 Walsh 码、正交可变扩频因子码、m 序列。

1) 相关性原理

相关性用来描述的是码字之间的相似程度，用相关系数 ρ 来定量表述。假设 A 是两个码序列相同码元的数目，D 是两个码序列不同码元的数目，P 是码序列的周期，即 $P = A + D$，则计算两个码序列相关系数为

$$\rho = \frac{|A - D|}{P}$$

图 1-8 的上半部分，参与计算的两个码序列分别是 $(-1, 1, -1, 1)$ 和 $(-1, 1,$

—1，1)，也就是说两个码序列是相同的。对这两个码序列进行相关运算，得到相关系数的值为1，表示两个码序列100％相关。

图1-8的下半部分，参与计算的两个码序列分别是（—1，1，—1，1）和（1，1，1，1），对这两个码序列进行相关运算，得到相关系数的值为0，表示两个码序列之间是完全正交的关系，即完全不相关，即正交。

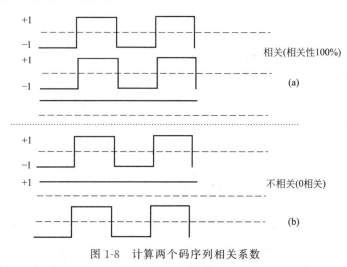

图1-8　计算两个码序列相关系数

如果参与相关运算的是两个不同的码序列，那么计算得到的结果是指两个码序列之间的互相关性。互相关性好指的是两个码序列之间的相关运算结果为0，也就是说两个码序列完全不相关。采用这样的正交码来区分不同的物理信道，可以使不同物理信道之间的信号互不相关，就能够保证各个物理信道之间的多址干扰会尽可能得小。所以说互相关性决定了多址干扰的特性。

自相关性用来表示码序列和它自身延迟一定时间后的相关程度，也就是指当一个码序列与自己当存在一位或多位时延后的序列作相关运算后，得到的相关性的定量表述。

自相关性好，就是指当码序列没有时延时，其相关性运算结果为1（两个相同的码序列，相关运算的结果一定是1），在有时延时（时延大于1chip），其相关性运算结果为0。现实的无线传播环境是多径环境，不同径的信号到达接收端的时间不同，采用自相关性好的码字来区分不同的信源，可以保证各个径之间的信号在存在时延的情况下互不相关，干扰较小，有利于在接收端进行有效的合并。所以说自相关性决定了多径干扰的特性。

2）Walsh码

Walsh码是正交扩频码，根据Walsh函数集而产生。Walsh函数集是完备的非正弦型正交函数集，常用作用户的地址码。

生成Walsh序列有多种方法，通常是利用Handmard矩阵来产生Walsh序列。利用Handmard矩阵产生Walsh序列的过程是迭代的方法。

2N阶的Walsh函数可以采用以下递推公式获得：

$$H_1=1, \quad H_2=\begin{matrix}1 & 1\\1 & -1\end{matrix}, \quad H_4=\begin{matrix}1 & 1 & 1 & 1\\1 & -1 & 1 & -1\\1 & 1 & -1 & -1\\1 & -1 & -1 & 1\end{matrix}, \quad H_{2N}=\begin{matrix}H_N & H_N\\H_N & \overline{H_N}\end{matrix}$$

式中，N表示2的整数次幂，$\overline{H_N}$表示H_N的二进制反。

Walsh 函数集的特点是正交和归一化。正交是同阶两个不同的 Walsh 函数相乘，在指定的区间上积分，其结果为 0；归一化是两个相同的 Walsh 函数相乘，在指定的区间上积分，其平均值为+1。

不同步时，Walsh 函数的自相关性与互相关性均不理想，并随同步误差值增大，恶化十分明显。

在 IS-95 标准中，采用了长 64 阶的 Walsh 码字，64 行，每行代表一个码字。每个码字 64 位。

3）正交可变扩频因子码

正交可变扩频因子码（OVSF 码）是在 3G 中用来对不同速率的移动通信用户的信息进行扩频所采取的码序列。因为在 3G 及以后的移动通信用户中传输的将不仅仅是话音信号，还包括数据、图像等多媒体信息，由于带宽不同，所以信源输出的速率也就不同，但信道的带宽是固定的。为了在相同的带宽中，传输不同速率的信号，解决的一种办法就是对不同的速率、不同的带宽可采用不同长度的扩频码，也即信源速率较高的信息，采用较短的扩频码；信源速率较低的信息，采用较长的扩频码，通过扩频后，使不同信源速率的信号扩频后成为同一速率的已扩码序列，实现了多种不同速率信号的传递。

OVSF 码字的产生机制与 Walsh 码的产生机制没有太大区别，OVSF 码也叫变长 Walsh 码，Walsh 码用矩阵结构而 OVSF 采用树形结构来描述。最初的根赋值为 1，由 $SF=1$ 升至 $SF=2$ 时，第 1 个子树的第一比特位保留，第二比特位进行复制，成为 11，第 2 个子树的第一比特位保留，第二比特位进行相位偏转，成为 $1-1$，依此类推，$SF=4$ 时子树的产生机制与 $SF=2$ 时相同，码树结构如图 1-9 所示。

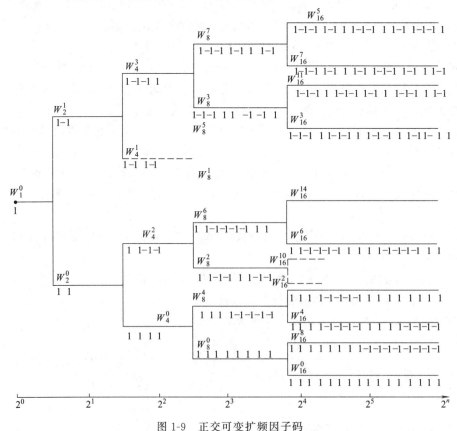

图 1-9　正交可变扩频因子码

OVSF 码规律小结。

① 树图中所有分支节点数是按 2^n 发展，其中 $n=0$，1，2，…；

② 每个节点分两个分支，分支后的码组是分支前码组的一倍，分支后的码元长度也为分支前码元长度的一倍；

③ 每节点分为上下两个分支，在上下分支的新码组中，前一半码元是重复前一分支的码元，而后一半在下分支中仍重复前一分支中的码元，上分支中则与前一分支码元反相。

（1）速率与扩频比的关系。OVSF 码序列的可变扩频周期即可变扩频比是与被扩频的信息业务类型的速率相匹配的。

根据：$G=W/B$

式中，W 为扩频信号速率；B 为信息速率；G 为扩频增益（周期）。

从公式可以看出，为了使扩频信号速率 W 保持不变，当信源速率 B 较高时，扩频增益（周期）G 就要越小；反之，信源速率 B 较低时，扩频增益（周期）G 就要越大。

（2）OVSF 码序列的应用举例。若在同一个小区内有 3 个不同的移动用户同时发送下列三类不同速率的业务，为了简化，这里不再考虑信道编码。

设用户 A 信息速率为 76.8Kbps；用户 B 信息速率为 153.6Kbps；用户 C 信息速率为 307.2Kbps。

经扩频后 3 个用户扩展到同一个码片速率 1.2288Mbps。不同周期长度即不同扩频比的 OVSF 正交设计的树形结构图 1-9。

当 $W_4^1=+1-1+1-1$（4 位）被采用，作为速率 307.2Kbps 的扩频码，即 307.2Kbps×4=1.2288Mbps，则其后面的所有分支，也就是后面所有延长码等就不能再作为扩频码。

同理，当 $W_8^2=+1+1-1-1+1+1-1-1$（8 位）被选作为速率 153.6Kbps 的扩频码，即 153.6Kbps×8=1.2288Mbps，则其后面所有分支等延长码也不能再用作扩频码。

同理，当选 $W_{16}^3=+1-1-1+1+1-1-1+1+1-1-1+1+1-1-1+1$（16 位）被选作速率 76.8Kbps 的扩频码，即 76.8Kbps×16=1.2288Mbps，则其后面的所有分支所构成延长码也不能再用作扩频码。

注意：为了保证可变扩频码的不同周期长度 OVSF 码的正交性，选择 OVSF 码必须满足非延长特性，即在树图上若从树根开始由左端向右端看，树图上的某一节点的短 OVSF 码被采用作为扩频正交码以后，这个节点延长出去的所有树枝上的长 OVSF 码将不能再被采用作为扩频正交码 CDMA 2000 中，信息符号速率×$SF=1.2288$Mcps，码字的取值范围，在上行方向，$SF=4$、8、16、32、64、128、256；在下行方向，$SF=4$、8、16、32、64、128、256、512。使用位于同一阶的码字，表示原始用户的业务速率是一致的，才会选择到相同的 SF 值。同一阶码字之间是完全正交的。

OVSF 扩频码的用途：在下行信道，OVSF 用于区分用户；在上行信道，OVSF 用于区分同一个用户的不同业务。

4）m 序列

由于 Walsh 码、OVSF 码数量少，而且不具备随机信号的特性，不能作为扩频码。因此在需要大量地址码和扩频码的情况下，需要使用伪随机序列（PN 码）。PN 码具有类似噪声序列的性质，是一种貌似随机但实际上有规律的周期性二进制序列。最常用的 PN 码是 m 序列。

m 序列是最长线性移位寄存器序列的简称。顾名思义，m 序列是由多级移位寄存器或其他延迟元件通过线性反馈产生的长码序列。

m 序列发生器是由移位寄存器、线性反馈逻辑和模 2 加法器组成的。周期为 $P=2^n-1$ 的 m 序列可以由 n 级线性反馈移位寄存器产生。如图 1-10 所示为一个 3 级的 m 序列发生器。

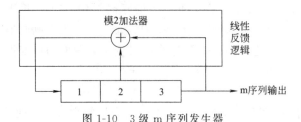

图 1-10　3 级 m 序列发生器

模 2 加运算规则为表 1-2 所示。

表 1-2　模 2 加运算规则

输入	输出
0 0	0
0 1	1
1 0	1
1 1	0

以 3 级 m 序列发生器为例，列出各输出端的输出序列见表 1-3。

表 1-3　各输出端的输出序列

第一级输入	第一级输出	第二级输出	末级输出
0	1	1	1
0	0	1	1
1	0	0	1
0	1	0	0
1	0	1	0
1	1	0	1
1	1	1	0

可以看出，它具有以下三个特性：

（1）平衡特性，即每个周期序列中有 $2n$ 个 1，$2n-1$ 个 0。

（2）游程特性，在一个序列中连续出现的相同码称为一个游程，连码的个数称为游程的长度。一个 m 序列中共有 $2n-1$ 个游程：长度为 R（$1 \leqslant R \leqslant n-2$）的游程数占游程总数的 $1/2R$；长度为 $n-1$ 的游程只有 1 个，且是连 0 码；长度为 n 的游程也只有 1 个，且是连 1 码。

（3）相关特性，m 序列的正交性不如 Walsh 码，这体现在同一级数 m 序列的互相关特性上。m 序列的互相关值大于 0，这也是使用 Walsh 码，或 OVSF 之后，再使用 m 序列扩频而不单独使用 m 序列的重要原因。

m 序列的自相关性很强，当级数很大的时候，不同相位的 m 序列可以看成是正交的。

m 序列的周期为 2^r-1，r 表示移位寄存器级数。m 序列的数量与级数有关，一般级数越大，m 序列数量越多。

当 $r=15$ 时，周期为 $2^{15}-1$，称为 PN 短码。

当 $r=42$ 时，周期为 $2^{42}-1$，称为 PN 长码。

在 CDMA 系统中使用的 m 序列有两种：PN 短码：码长为 2^{15}；PN 长码：码长为 $2^{42}-1$。

在实际应用中可以将 Walsh 码与 PN 码特性各自优点进行互补，即利用复合码特性来克服各自的缺点。

1.5.4 IS-95 系统中的码的选择及作用

1）Walsh 码的作用

在前向信道中，Walsh 函数直接扩频，同一扇区不同的信道使用不同的 Walsh 码，被用来区分信道。

在反向信道中，使用 64 阶正交调制，即每 6 个码符号作为一个调制符号，使用 64 阶 Walsh 函数中的一个进行调制。Walsh 函数由 64 个互相正交的序列组成，标号为 0 至 63。根据以下公式选择第 i 个调制符号（即 Walsh 函数序列）来代替某 6 个码符号：调制符号索引 $i=C_0+2C_1+4C_2+8C_3+16C_4+32C_5$。

式中，C_5 表示形成调制符号索引的某 6 个码符号的最高位（二进制），C_0 表示最低位（二进制数）。例如一组码符号为 010011，即 $C_5=0$，$C_4=1$，$C_3=0$，$C_2=0$，$C_1=1$，$C_0=1$。调制符号索引 i 为

$$C_0+2C_1+4C_2+8C_3+16C_4+32C_5=1+2+0+0+16+0=19$$

即此组码符号使用的第 19 号 Walsh（沃尔什）函数序列调制。

2）m 序列

在 CDMA 系统中，用到两个 m 序列，一个长度是 $2^{15}-1$，一个长度是 $2^{42}-1$，各自的用处不同。

在前向信道中，长度为 $2^{42}-1$ 的 m 序列被用作对业务信道和寻呼信道进行扰码；长度为 $2^{15}-1$ 的 m 序列被用于对前向信道进行正交调制，不同扇区采用不同相位的 m 序列进行调制，其相位差至少为 64 个码片，这样最多可有 512 个不同的相位可用。

在反向信道中，长度为 $2^{42}-1$ 的 m 序列被用作直接扩频，每个用户被分配一个 m 序列的相位，这个相位是由用户的 ESN（电子序列号）计算出来的，这些相位是随机分配且不重复，这些用户的反向信道之间基本是正交的；长度为 $2^{15}-1$ 的 PN 码也被用于对反向业务信道进行正交调制，但因为在反向业务信道上不需要标识属于哪个基站，所以对于所有移动台而言都使用同一相位的 m 序列，其相位偏置是 0（图 1-11）。

3）总结 CDMA 系统中的三种码进行比较的使用

PN 短码，用于前反向信道正交调制。在前向信道，不同的基站使用不同的短码用于标识不同的基站。短码长度为 2^{15}。

PN 长码，由一个 42 位的移位寄存器产生的伪随机码和一个 42 位的长码掩码通过模 2 加输出得到的。每种信道的长码掩码是不同的，长码掩码是通过 42 位移位寄存器产生的，长度为 $2^{42}-1$。在 CDMA 系统中，长码在前向链路用于扰码，反向链路用于扩频。

Walsh 码，利用其正交特性，用于 CDMA 系统的前向扩频（表 1-4）。

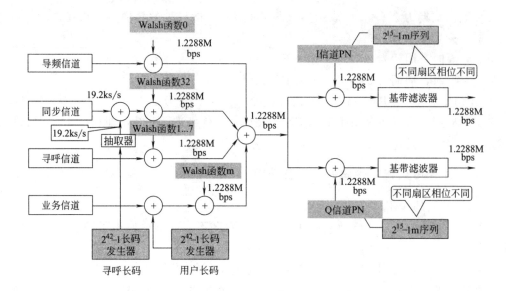

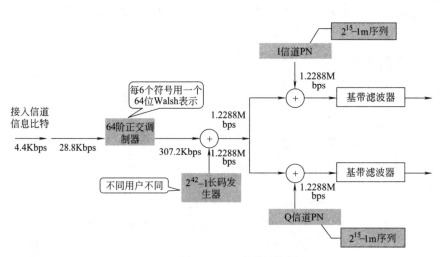

图 1-11　m 序列的使用

表 1-4　IS-95 系统中的三种码比较

码序列	长度	应用位置	应用目的	码速率 /(chip/s)	主要特性
PN 长码	$2^{42}-1$	反向接入信道 反向业务信道	直接序列扩频及 标识移动台用户	1.2288M	有尖锐的二值 自相关特性
		前向寻呼信道 前向业务信道	用于数据扰码	19.2K	
PN 短码	2^{15}	前反向所有信道	用于前反向信道正交 调制及用于标识小区	1.2288M	平衡性
定长 Walsh 码	64	所有反向信道	正交调制	307.2K	正交性
		所有正向信道	用于标识各前向信道	1.2288M	

1.5.5 CDMA 2000 系统中的码的选择及作用

CDMA 2000 系统中的三种码的比较见表 1-5。

表 1-5 CDMA 2000 系统中的三种码的比较

码序列	长度	应用位置	应用目的	主要特性
m 序列(最大周期线性移位寄存器序列)	$2^{42}-1$	反向接入信道 反向业务信道	直接序列扩频及标识移动台用户(信道)	具有尖锐的二值自相关特性
		前向寻呼信道 前向业务信道	用于数据扰码	
PN 短码	2^{15}	所有反向信道	正交扩频,利于调制	平衡性 良好的互相关
		所有正向信道	正交扩频,利于调制并且用于标识基站	
变长 Walsh 码	64	前向基本信道(前向导频,寻呼,同步信道)	正交扩频	正交性
	4/8/16/32	前向补充信道	正交扩频	
	128	QPCH	正交扩频	
	16	反向基本信道	正交扩频	
	32	反向导频信道	正交扩频	
	2 或 4	反向补充信道	正交扩频	

1.6 CDMA 系统的特点

1) 频率规划简单

在 CDMA 系统中,相邻小区用不同的码序列区分,频率配置可以完全相同,即其频率复用系数可以为 1,工程设计简单,扩容方便。

2) 系统容量高,频谱利用率高

在 CDMA 系统中,不但相邻小区靠码序列区分的其频率复用系数可以为 1,小区内的不同用户也靠码序列区分,可以同时同频工作,故频谱利用率高。在相同频谱情况下其容量是 GSM 的 4～6 倍。

在 CDMA 系统中,其实还采取了一系列提升容量的措施。作为码分多址系统,靠码序列区分信道,码序列的数量很丰富,故一个小区下的信道数量不再受制于码序列的数量。同时同频工作会带来码间干扰,同时同频的用户多了,则码间干扰会增大;干扰大了,就需要提高发射功率来提升信噪比,但是基站和终端的发射功率在出厂时都有最大功率的限制;故当功率提升到最大,容量也就到达了极限。所以说 CDMA 系统不受制于码的数量,而受制于干扰。所以降低干扰的措施就是提升容量的措施。

在 CDMA 系统中,采取了功率控制技术、扇区划分技术、话音激活技术等来提升容量。

3) 功率控制技术

功率控制技术的作用就是在不影响通话质量的前提下,通过降低每个移动台和基站的发射功率使得系统中干扰最小化,从而使得系统容量最大化。功率控制的另一个作用就是使得移动台有更长的待机时间。

4）扇区划分技术

扇区划分是指利用天线的定向特性把基站分成不同的扇面，在 FDMA 和 TDMA 制式中，每个蜂窝小区中采用扇区天线只能起到减少干扰的作用，不能增加系统容量。

在 CDMA 制式蜂窝移动通信系统中，利用 120°扇形覆盖的定向天线把一个蜂窝小区划分为 3 个扇区时，平均处于每个扇区中的移动用户是该蜂窝的 1/3，相应的各用户之间的多址干扰分量也减少为原来的 1/3 左右，从而系统的容量将增加 3 倍（实际上，由于邻扇区之间的干扰，一般只能提高至 2.25 倍）。

5）话音激活技术

统计表明，人们在通话的过程中，只有 35％的时间在讲话，另外的 65％的时间处于听对方讲话、语句间停顿或者其他等待时间。

在 CDMA 数字蜂窝移动通信系统中，所有的用户共享同一个无线频道，当某一个用户没有讲话时，该用户的发射机不发射或降低发射功率，其他用户所受到的干扰就相应地减少。

语音激活技术就是当用户不讲话时，语音编码器输出速率很低，发射机所发射的平均功率很小；当用户讲话时语音编码器的输出速率很高，发射机所发射的平均功率很大。

采用语音激活技术容量将增加 3 倍。

6）软容量

在 TDMA 系统中，通信信道是以频道或时隙的不同来划分的，每个蜂窝小区提供的信道数一旦固定，就很难改变。

在 CDMA 系统中，信道数是靠不同的码字来划分的，码字数量很大，故其容量受制于干扰。所以降低干扰的措施就是提升容量的措施；同时用户对干扰的容忍度强些，容量也可以提升。也即通信质量的降低也可以提升容量，所以容量不再是一个硬性指标。

当话务高峰时，多增加一个通话的用户，所有用户的信噪比都有所下降，但不会出现因没有信道而不能通话的现象。

所以软容量可以在业务高峰期间，以稍微降低系统的质量性能，换取适当增加系统用户数。

7）隐蔽性好，保密性好，很难被盗打

首先在 CDMA 系统中所采用的扩频技术就将发射信号的频谱扩展得很宽，功率很低从而将发射信号完全隐蔽在噪声和干扰之中，不易被发现和跟踪；其次在通信过程中，各移动用户所使用的地址码各不相同，在接收端只有与之相同（包括码型和相位）的设备才能接收到相应的发送数据，这些数据对其他非相关的设备来讲是一种噪声。所以 CDMA 系统可以防止有意或无意的窃取及监听，具有很好的保密特性。

8）软切换

当移动用户从一个小区（或扇区）移动到另一个小区（或扇区）或者移动用户从一个基站的管辖范围移动到另一个基站的管辖范围时，通信网的控制系统为了不中断用户的通信就要做一系列的调整，包括通信链路的转换、位置的更新等，这个过程就叫做越区切换。

越区切换实现了小区（或扇区）间的信道转换，保证了一个正在处理或者进行中的呼叫不会中断。

在 CDMA 系统中，频率复用系数可以为 1，相邻小区可以同频工作。所以当移动台从一个小区（或扇区）切换到另一个小区（或扇区）时，不需要调整移动台的收发频率，只需调整相应的码字即可，称之为软切换。

因为相邻两个小区频率相同，软切换可以先通后断。即先与新的基站接通新的链路，然后切断原通话链路，这样可以克服了其他体制的"乒乓"切换，提高切换成功率，有效减少掉话现象。

9）特有的分集形式

在 CDMA 系统中，由于采用了扩频技术进行宽带传输，使它具有了频率分集及路径分集的特性。

（1）频率分集。当信号具有选频特性时，对 CDMA 系统的信息传输影响较小。

（2）路径分集。通过使用 Rake 接收解调并使用所有路径的信号能量，将多径信号分离出来，并将不同路径的相同信号进行叠加，不仅克服了多径衰落对移动通信带来的不利影响，而且还等效增加了接收有用信号的功率。

除此以外，CDMA 系统还采用了空间分集及时间分集等技术，使其系统性能能够进一步提高。

1.7 CDMA 系统的关键技术

1.7.1 功率控制

1）功率控制目的

（1）由于 CDMA 是干扰受限系统，通过控制降低干扰就可以增加信噪比，提高小区内的用户容量。

在 CDMA 系统中，由于所有的用户均使用相同的频段，用户间仅靠地址扩频码的互相关特性加以区分。如果用户间的互相关特性不为零，则用户间就存在着干扰，这种干扰称为多址干扰。CDMA 系统是干扰受限系统，即干扰的大小直接影响着系统的容量。因此有效地克服和抑制多址干扰就成为 CDMA 系统中要解决的重要问题。

（2）功率控制可以有效地克服由于用户随机移动性引起的"远近"效应和"角落"效应。

由于各用户距基站的远近不同，在上行链路中，如果保持小区内所有用户的发射功率相同，那么，在基站接收到的各用户的功率将会不同，近距离用户的强信号将干扰远距离用户的弱信号，这将会产生所谓的"远近"效应。

在下行链路中，当移动台位于相邻小区的交界处，收到所属基站的有用信号功率很低，同时还会受到相邻小区基站较强的干扰，这就是所谓的"角落"效应。

（3）功率控制可以有效地克服由于电波传播的"阴影"效应而产生的慢衰落。

电波传播中，由于大型建筑物的阻挡，形成"阴影"效应产生慢衰落。

2）功率控制的分类

按照控制对象分为前向功控和反向功控。

（1）前向功控。前向功控是指下行链路的功率控制，受控对象是基站的发射功率，通过调整基站的发射功率，使所有的移动台收到的信号功率基本相等。前向功控可使基站平均发射功率最小，不仅能减小相邻小区的干扰，还可以克服"角落"效应。

　　如果基站采用同步 CDMA，且选用完全正交扩频码，在理想情况下，基站发射给每一个移动台的扩频信号完全正交，则移动台间的干扰就不存在。因此，在单小区同步码分时，前向功控可以不予考虑，但是在实际的多径衰落信道中，理想同步是达不到的，特别是在多小区情况下，前向功控是有必要的，但是其作用远不如反向功控。

　　（2）反向功控。反向功控是指上行链路的功率控制，受控对象是移动台的发射功率，通过调整移动台的发射功率，使基站收到的所有移动台发送到基站的信号功率基本相等。

　　反向功控使各用户之间的干扰最小，并能达到克服"远近"效应的目的，反向功控使系统达到最大容量（这是由于 CDMA 是干扰受限系统，干扰小，容量就大）。

　　反向功控可使每个移动台的发射功率最合理，以节省能量，延长移动台电池的使用寿命。

　　3）反向功控的实现

　　（1）反向开环功率控制。开环功控是功率控制中的粗控制，根据接收到的信号功率，移动台对需要的发射功率做出粗略的初始判断。移动台的根据下行链路接收到的信号质量，估计信道的衰耗大小。当收到信号较强时，衰耗较小，表明移动台距离基站较近，移动台的发射功率可以较小；当收到信号较弱时，衰耗较大，表明移动台距离基站较远，移动台的发射功率可以较大。

　　开环功控的依据是建立在上下行链路的衰耗基本相等，然而，对于 CDMA 这样的 FDD 系统，上下行链路占用的频段要相差 45MHz，远远大于信号的相关带宽。因此上行链路和下行链路的信号快衰落是完全独立和不相关的。但是对于决定"阴影"效应的功率慢衰落而言，这类信道的不对称性的影响相对小一些，功控主要是针对慢衰落的，所以开环功控在实际中仍在采用，但是它的控制精度受到信道不对称的影响，只能起到粗控制的作用。

　　（2）反向闭环功率控制。闭环功控一般是指基站根据在上行链路上收到的移动台信号的强弱，产生功率控制命令。再由基站通过前向链路将基站的功控命令传送到各个移动台，移动台根据此命令在开环选择发射功率的基础上，上升或下降一个固定的值，以保持基站接收到的 SIR（信噪比）基本相等。

　　反向闭环功控正又分为内环和外环两部分。

　　① 内环功控。内环功控是基站接收移动台的信号后，根据收到的 $SIR_{收}$ 与标准的 $SIR_{标}$ 进行比较，如果 $SIR_{收} > SIR_{标}$ 向移动台发送"降低发射功率"的功率控制指令；否则发送"增加发射功率"的指令。

　　在实际的功率控制中，由于 SIR 的值不容易确定，所以都是根据接收到的移动台的误帧率 FER 来进行间接判定的，在每一帧信息中加入 CRC（循环冗余校验码）校验的目的就是为了测量误帧率 FER。

　　结论：内环功控根据外环功控获得的 SIR_{target}，与实际收到的 $SIR_{收}$ 比较，如果 $SIR_{收} > SIR_{target} = SIR_{标}$，则降低移动台的发射功率；反之则提高。

　　② 外环功控。在内环功控中，提到了标准的信噪比 $SIR_{标}$，该值是如何获得的呢？该值就是通过外环功控获得的，此值为闭环功控的门限阈值。

　　前面提到，直接获得 SIR 是困难的，需要通过获得误帧率 FER 间接获得信噪比 SIR。

　　为了保持 FER 的稳定，采用外环功控。通过比较测量到的 FER 和所使用的业务类型要求的 FER（用 FER_{target} 来表示），来改变内环功控的 SIR_{target}。这里所说的 SIR_{target} 就是 $SIR_{标}$。即：$SIR_{target} = SIR_{标}$。

　　结论：外环功控通过测量收到的 FER，并与实际业务类型需要的 FER（用 FER_{target}

来表示）进行比较，来获得内环功控的 FER_{target}。

闭环功控的主要优点是控制精度高，可以起到实际功控系统中的精控作用，所以是实际系统中常采用的主要精控手段如图 1-12 所示。

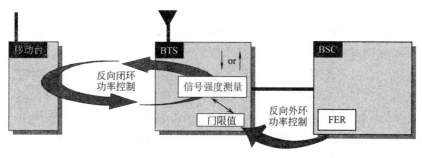

图 1-12　反向闭环功率控制

4）前向功率控制的实现

CDMA 系统的实际应用表明，系统的容量并不仅仅是取决于反向容量，往往还受限于前向链路的容量。这就对前向链路的功率控制提出了更高的要求。

前向功率控制就是实现合理分配前向业务信道功率，在保证通信质量的前提下，使其对相邻基站/扇区产生的干扰最小，也就是使前向信道的发射功率在满足移动台解调最小需求信噪比的情况下尽可能小。通过调整，既能维持基站与位于小区边缘的移动台之间的通信，又能在较好的通信传输特性时最大限度地降低前向发射功率，减少对相邻小区的干扰，增加前向链路的相对容量。

前向功率控制分为前向外环功率控制和前向闭环功率控制。在外环使能的情况下，两种功率控制机制共同起作用，达到前向快速功率控制的目标。前向快速功率控制虽然发生作用的点是在基站侧，但是进行功率控制的外环参数和功率控制比特都是移动台检测前向链路的信号质量得出输出结果，并把最后的结果通过反向导频信道上的功率控制子信道传给基站。原理图如图 1-13 所示。

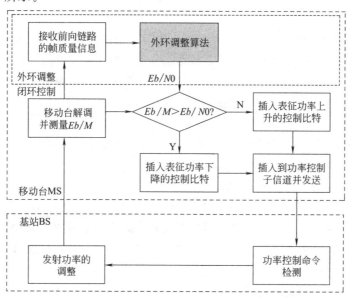

图 1-13　前向快速功率控制原理

1.7.2　软切换

当移动台从一个基站的覆盖范围移动到另外一个基站的覆盖范围，通过切换移动台保持与基站的通信。

在 CDMA 系统中，相邻小区用不同的码序列区分，频率配置可以完全相同。所以当移动台需要跟一个新的基站通信时，并不先中断与原基站的联系，而是先建立与新基站的连接，当确认原基站信号不能通信时再中断与其连接。这种先通新基站后断原基站，在切换进行的短时间内移动台与多基站同时保持联系的方式叫做软切换。

软切换是 CDMA 移动通信系统所特有的。GSM 系统所进行的都是硬切换（因为其相邻小区用不同的频率区分），即先中断与原基站的联系，再在一指定时间内与新基站取得联系。

（1）软切换有以下几种方式

① 同一 BTS 内相同载频不同扇区之间的切换，也就是通常说的更软切换；在基站收发机（BTS）侧，不同扇区天线的接收信号对基站来说就相当于不同的多径分量，由 RAKE 接收机进行合并后送至 BSC，作为此基站的语音帧。而软切换是由 BSC 完成的，将来自不同基站的信号都送至选择器，由选择器选择最好的一路，再进行话音编解码。

② 同一 BSC 内不同 BTS 之间相同载频的切换。

③ 同一 MSC 内，不同 BSC 之间相同载频的切换。

（2）软切换的优点。GSM 系统所进行的都是硬切换，当硬切换发生时，因为原基站与新基站的载波频率不同，移动台必须在接收新基站的信号之前，中断与原基站的通信，往往由于在与原基站链路切断后，移动台不能立即得到与新基站之间的链路，因此会中断通信。另外，当硬切换区域面积狭窄时，会出现新基站与原基站之间来回切换的"乒乓效应"，影响业务信道的传输。在 CDMA 系统中提出的软切换技术，与硬切换技术相比，具有以下更好的优点。

① 软切换发生时，移动台只有在取得了与新基站的链路之后，才会中断与原基站的联系，通信中断的概率大大降低。

② 软切换进行过程中，移动台和基站均采用了分集接收的技术，有抵抗衰落的能力，不用过多增加移动台的发射功率；同时，基站宏分集接收保证在参与软切换的基站中，只需要有一个基站能正确接收移动台的信号就可以进行正常的通信，由于通过反向功率控制，可以使移动台的发射功率降至最小，这进一步降低移动台对其他用户的干扰，增加了系统反向容量。

③ 进入软切换区域的移动台即使不能立即得到与新基站通信的链路，也可以进入切换等待的排队队列，从而减少了系统的阻塞率。

软切换示意图如图 1-14 所示。

（3）在 CDMA 中也有硬切换。硬切换是在呼叫过程中，移动台先中断与原基站的通信，再与目标基站取得联系，发生在分配不同频率或者不同的帧偏置的 CDMA 信道之间的切换。在呼叫过程中，根据候选导频强度测量报告和门限值的设置，基站可能指示移动台进行硬切换。硬切换可以发生在相邻的基站集之间，不同的频率配置之间，或是不同的帧偏置之间。可以在同一个小区的不同载波之间，也可以在不同小区的不同载波之间。在 CDMA 系统中，有以下几种发生硬切换的情况。

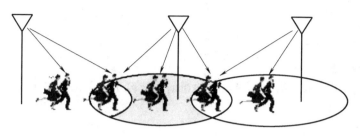

图 1-14 软切换示意图

① 不同的频率间的硬切换；

② 同一设备商、同一频率间的硬切换；

③ 不同设备商间的硬切换；

④ 不同的设备商，同一个频率上同一系统中的硬切换。

1.7.3 RAKE 接收

如图 1-15 所示，RAKE 接收机的基本原理是利用了空间分集技术。发射机发出的扩频信号，在传输过程中受到建筑物、山岗等各种障碍物的反射和折射，到达接收机时每个波束具有不同的延迟，形成多径信号。如果不同路径信号的延迟超过一个伪码的码片的时延，则在接收端可将不同的波束区别开来。将这些不同波束分别经过不同的延迟线，对齐以及合并在一起，则可达到变害为利，把原来是干扰的信号变成有用信号组合在一起。

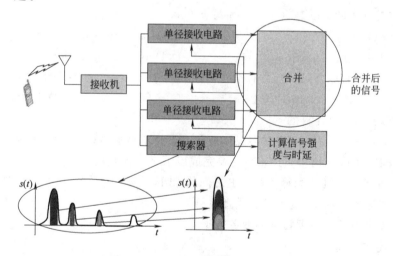

图 1-15 RAKE 接收机原理示意图

RAKE 接收机由搜索器、单径接收电路、合并器 3 个模块组成。

搜索器完成路径搜索，主要原理是利用码的自相关及互相关特性。

单径接收电路完成信号的解扩、解调。解调器的个数决定了解调的路径数，通常一个RAKE 接收机由 4 个单径接收电路组成，移动台由 3 个单径接收电路组成。

合并器完成多个解调器输出的信号的合并处理，通用的合并算法有选择式相加合并、等增益合并、最大比合并 3 种。合并后的信号输出到译码单元，进行信道译码处理。

思考题

一、单选选择题

1. 20 世纪 70 年代末，第一代蜂窝移动通信系统诞生于美国贝尔实验室，即著名的先进移动电话系统（   ）。

   A. AMPS   B. NMTS   C. TACS   D. CDMA

2. AMPS 属于（   ）。

   A. 1G   B. 2G   C. 3G   D. 4G

3. CDMA 2000 接收机结构是（   ）。

   A. RAKE   B. RANK   C. RAND   D. RADE

4. CDMA 制式在中国的发展历程是（   ）。

   A. IS95 →CDM 2000-1x →EVDO REV0 →EVDO REVA

   B. B. IS95 →CDM 2000-1x →EVDO REVA →EVDO REV0

   C. CDM 2000-1x →IS95 →EVDO REVA →EVDO REV0

   D. CDM 2000-1x →IS95 →EVDO REV0 →EVDO REVA

5. TDMA 业务信道在不同的时间分配给（   ）的用户。

   A. 同组   B. 不同   C. 单一   D. 同一

6. （   ）是最早的 CDMA 系统的空中接口标准。

   A. IS-95A   B. IS-98A   C. BSC   D. MSC

7. 1x EV-DO 中的 DO 是（   ）缩写。

   A. Data Only   B. Data Operzation

   C. Database Optimization   D. Database Operation

8. CDMA 系统的地址码相互具有准正交性，而在（   ）可能重叠。

   A. 频率上   B. 时间上   C. 空间上   D. 以上均可以

9. EV-DO Rel. 0 设计目的（   ）。

   A. 语音服务   B. 实时多媒体业务   C. 短消息服务   D. 无线高速数据下载

10. 在 1x EV-DO 网络中，PDSN 主要完成以下（   ）功能。

    A. 负责建立、维持和释放与 AT 之间的 PPP 连接

    B. 负责完成移动 IP 接入时的代理注册

    C. 转发来自 AT 或因特网的业务数据

    D. 上述均正确

11. FDMA 频分多址的每个用户使用（   ）的频率。

    A. 不同   B. 相同   C. 相同或不同   D. 不一定

12. LTE 是指（   ）。

    A. Long Term Evolution   B. Long Time Evolution

    C. Length Term Evolution   D. Length Time Evolution

13. AAA 是（   ）的缩写。

    A. 认证授权计费   B. 分组核心网   C. 传输网   D. 分组数据服务节点

14. CDMA 2000 EVDO 网络中，AN-AAA 与 AN 之间的接口是（   ）。

　　　　A. A12　　　　　　B. A13　　　　　　　C. A14　　　　　　　D. A15

15. 假设 CDMA 系统的源信号速率为 9.6Kbps，则系统的扩频增益为（　　）。

　　　A. 24dB　　　　　　B. 21dB　　　　　　　C. 12dB　　　　　　　D. 其他

16. 在反向信道中，PN 长码的作用为（　　）调制。

　　　A. 扩频　　　　　　B. 扰码　　　　　　　C. 解扩

17. 在前向信道中，PN 长码的作用为（　　）。

　　　A. 调制　　　　　　B. 扩频　　　　　　　C. 扰码　　　　　　　D. 解扩

18. 283 频点对应的下行频段是（　　）。

　　　A. 877.865～879.115MHz　　　　　　　B. 876.865～878.115MHz

　　　C. 878.865～880.115MHz　　　　　　　D. 877.685～879.005MHz

19. CDMA 2000 采用的双工方式是（　　）。

　　　A. TDD　　　　　　B. FDD　　　　　　　C. TDD/FDD　　　　　D. CDD

20. CDMA 2000 的频点上行与下行相隔（　　）。

　　　A. 40MHz　　　　　B. 45MHz　　　　　　C. 50MHz　　　　　　D. 55MHz

21. 中国 CDMA 网 800M 的频率规划按照 1x 从频段（　　）往下走，DO 从（　　）开始往上走的原则进行。

　　　A. 高段，低段　　　B. 低段，低段　　　C. 高段，高段　　　D. 低段，高段

22. CDMA 称作（　　）。

　　　A. 时分多址　　　　B. 码分多址　　　　C. 空分多址　　　　D. 频分多址

23. Walsh 码在前向信道的作用是（　　）。

　　　A. 调制　　　　　　B. 扩频　　　　　　　C. 扰码　　　　　　　D. 解扩

24. CDMA 就是码分多址，那么它是利用码字的（　　）来区分信道的。

　　　A. 相关性　　　　　B. 正交性　　　　　　C. 循环性　　　　　　D. 独立性

25. CDMA 系统使用（　　）来区分不同的基站及同一基站的不同扇区。

　　　A. 频率　　　　　　B. PN 码　　　　　　C. 时隙　　　　　　　D. Walsh 码

26. 反向链路上，CDMA 2000 系统是如何区分不同的用户的（　　）。

　　　A. 用 Walsh 码区分不同的用户　　　　B. 用短 PN 偏移量区分不同的用户

　　　C. 用长 PN 偏移量区分不同的用户　　　D. 用时隙区分不同的用户

27. 中国 CDMA 网 800M 一共有（　　）个载波的宽带。

　　　A. 5　　　　　　　　B. 6　　　　　　　　C. 7　　　　　　　　　D. 8

28. 当 PN 序列最小间隔设定是 64 个码片时，可用的 PN 序列数量是（　　）个。

　　　A. 128　　　　　　B. 256　　　　　　　C. 512　　　　　　　　D. 1024

29. CDMA 2000-1x 系统反向内环功率控制速率为（　　）。

　　　A. 50　　　　　　　B. 400　　　　　　　C. 800　　　　　　　　D. 以上都不对

30. 功率控制的目标就是，使每个移动台保持在绝对最小功率级，并确保可接受的服务质量理想情况，在基站从每个移动台接收到的信号功率应该是（　　）的。

　　　A. 相同　　　　　　B. 不同　　　　　　　C. 干扰最大　　　　　D. 功率最大

31. Rake 接收机的合并方式为（　　）。

　　　A. 等增益合并　　　B. 选择性合并　　　C. 最大比合并　　　D. 最小比合并

32. 更软切换是由（　　）完成的，并不通知 MSC。

A. 移动台 　　　　　B. 基站 　　　　　C. 核心网侧 　　　　D. 以上都不是

33. 软切换的优点包括（　　）。

A. 降低了越区切换的掉话率 　　　　B. 在覆盖不是很好的地方提高通话质量

C. 更多的消耗信道资源 　　　　　　D. A 和 B

34. 大多数 CDMA 手机最多可以同时和（　　）个基站通信。

A. 1 　　　　　　B. 2 　　　　　　C. 3 　　　　　　D. 4

二、判断题

1. 扩频是通过注入一个更高频率的信号将基带信号扩展到一个更宽的频带内的射频通信系统，即发射信号的能量被扩展到一个更宽的频带内使其看起来如同噪声一样。（　　）

2. 在 CDMA 扩频系统中，如果某个扇区的用户增多，则该扇区的扩频处理增益变大，同时该扇区系统干扰容限变小。（　　）

3. CDMA 系统中短码的周期是 $2^{15}-1$。（　　）

4. M 序列和其移位后的序列逐位模二相加，所得的序列还是 M 序列。（　　）

5. CDMA 移动通信系统中用于扩频的长码和短码的码速率均为 1.2288Mbps。（　　）

6. 扩谱和解扩是两个完全一致的 XOR 操作，在传输过程中加入的信号（例如干扰或阻塞）将在解扩处理中被扩频。（　　）

7. 在 CDMA 系统中，当多径信号间的延时差超过一个码片的宽度时，可以区分多径并进行合并，从而减轻衰落的影响。（　　）

8. 前向信道中，PN 长码的作用是扩频调制。（　　）

9. 呼吸效应指的是随着基站容量的增加，覆盖也增加。（　　）

10. 前向功控控制的是移动台的发射功率。（　　）

11. 对于处于两方软切换状态的用户，反向如果一个小区要求增加功率，一个小区要求降低功率，则该用户的反向信道会增加功率。（　　）

三、填空题

1. 如果小区中的所有用户均以相同功率发射，则靠近基站的移动台到达基站的信号强，远离基站的移动台到达基站的信号弱，导致强信号掩盖弱信号，这就是移动通信中的（　　）问题。

2. 前向功率控制受控对象是（　　）的发射功率，起辅助作用。

3. 反向功率控制包括（　　）、（　　）和（　　）三种功控类型，受控对象是（　　）的发射功率，起辅助作用。

4. 前向快速功率控制分为（　　）、（　　）。

5. 所谓软切换就是当移动台需要跟一个新的基站通信时，（　　）。

四、简答题

1. CDMA 系统所采用码有哪几种？它们各自的作用是什么？

2. 两个相邻 PN 码之间的关系是怎么样的？

3. CDMA 2000-1x 搜索窗的作用是什么？

4. 掌握功率控制的分类？

5. 掌握反向开环功率控制的原理，了解主要参数的配置？

6. 反向开环功率控制有哪些缺点？

7. 描述反向闭环功率控制（内环和外环）的整个过程，它们的功控速率各是多少？

8. 为什么说 CDMA 系统是自干扰受限系统？

9. CDMA 功率控制的目的是什么？

10. CDMA 功控制的基本原则是什么？

11. 什么是处理增益？它是如何计算的？它有什么特点？

12. 请归纳 Walsh 码、长码和短码在前向的作用？

13. CDMA 系统前向可以使用的 PN 码有几个？这些 PN 码之间是什么关系？

14. 软切换的优点与缺点分别是什么？

15. 什么是远近效应？

16. 功率控制的好处是什么？

17. 什么叫自干扰系统？CDMA 系统自干扰对系统容量有何影响？

第2章 CDMA系统的信道

2.1 IS-95A 信道组成及其结构

IS-95A 信道组成及其结构如图 2-1 所示。前向信道由以下码分信道组成：导频信道、同步信道、寻呼信道（最多可以有 7 个）和若干个业务信道。反向信道由接入信道和反向业务信道组成。

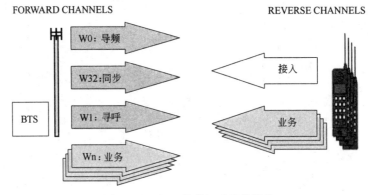

图 2-1　IS-95A 信道组成及其结构

2.1.1　前向信道

前向信道由以下码分信道组成：导频信道、同步信道、寻呼信道（最多可以有 7 个）和若干个业务信道。

每一个信道都要经过一个 Walsh 函数进行正交扩频，然后又由 1.2288Mcps 速率的伪噪声序列扩频。在基站可按照频分多路方式使用多个前向 CDMA 频道（1.23MHz）。

每个 1.23MHz 的频道可以以 CDMA 的方式提供最多 64 个前向信道，用 64 进制的 Walsh 码来区分。

具体的配置并非固定，其中导频信道为必需，其他可根据具体情况进行配置。例如可以用业务信道一对一取代寻呼信道和同步信道，这样最多可能发生在基站拥有两个以上的 CDMA 信道（即带宽大于 2.5MHz），其中一个为基本 CDMA 信道（1.23MHz），所有的移动台都先集中在基本信道上工作，此时，若基本 CDMA 信道业务忙，可由基站在基本 CDMA 信道的寻呼信道上发射信道指配消息或其他相应的消息将某个移动台指配到另一个 CDMA 信道（辅助 CDMA 信道）上进行业务通信，这时这个辅助 CDMA 信道只需要一个导频信道，而不再需要同步信道和寻呼信道。

1）导频信道（Pilot）

导频信道为全 0 信息，用 Walsh 0 码扩展，直接用 PN 短码进行调制，在 CDMA 前向信道上是不停发射的。它的主要功能包括以下几方面。

① 移动台用它来捕获系统。用于使所在基站覆盖区中的移动台进行同步和切换，并且帮助移动台进行信道估计，做相干解调。

② 导频相位的偏置用于扇区或基站的识别。基站利用导频 PN 序列的偏置来标识每个前向信道。由于 CDMA 系统的频率复用系数为"1"，即相邻小区可以使用相同的频率，所以频率规划变得简单了，在某种程度上相当于相邻小区导频 PN 序列的时间偏置的规划。在 CDMA 系统中，可以重复使用相同的时间偏置（只要使用相同时间偏置的基站的间隔距离足够大）。导频信道用偏置指数（0-511）来区别。偏置指数是指相对于偏置值为 0 的 PN 序列的偏置值。

虽然导频 PN 序列的偏置值有 2^{15} 个，但实际取值只能是 512 个值中的一个（$2^{15}/64=512$）。一个导频 PN 序列的偏置（用比特片表示）等于其偏置指数乘以 64。例如，若导频 PN 序列偏置指数是 5，则该导频的 PN 序列偏置为：$5\times64=320$chip。一个前向 CDMA 信道的所有码分信道使用相同的导频 PN 序列。导频信道结构如图 2-2 所示。

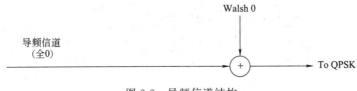

图 2-2　导频信道结构

2）同步信道（Sync）

同步信道在发生前要经过卷积编码、码符号重复、交织、扩频和调制等步骤。在基站覆盖区中开机状态的移动台利用它来获得初始的时间同步。基站发送的同步信道消息包括以下信息。

① 该同步信道对应的导频信道的 PN 偏置：PILOT_PN；

② 系统时间；

③ 长码状态；

④ 系统标识；

⑤ 网络标识；

⑥ 寻呼信道的比特率。

同步信道的比特率是 1200bps，其帧长为 26.666ms。同步信道上使用的 PN 序列偏置与同一前向信道的导频信道使用的相同。

一旦移动台捕获到导频信道，即与导频 PN 序列同步，这时可认为移动台在这个前向信道也达到了同步。这是因为同步信道和其他所有码分信道是用相同的导频 PN 序列进行扩频的。移动台只在初始化时采集接收同步信道信令，之后不再使用。同步信道结构如图 2-3 所示。

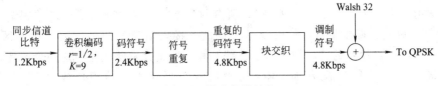

图 2-3　同步信道结构

3）寻呼信道（Paging）

寻呼信道是经过卷积编码、码符号重复、交织、扰码、扩频和调制的扩频信号。基站使用寻呼信道发送系统信息和对移动台的寻呼消息。

寻呼信道的作用如下。

① BTS 在寻呼信道上广播：

a. 系统参数消息；

b. 接入参数消息；

c. 邻区列表；

d. CDMA 信道列表。

② BTS 通过寻呼信道寻呼手机。

③ 指配业务信道。基本寻呼信道是编号为 1 的寻呼信道。寻呼信道发送 9600bps 或 4800bps 固定数据速率的信息。在一给定的系统中所有寻呼信道的发送数据速率相同。寻呼信道帧长为 20ms。寻呼信道使用的导频序列偏置与同一前向 CDMA 信道上使用的相同。寻呼信道分为许多寻呼信道时隙，每个时长为 80ms。寻呼信道结构如图 2-4 所示。图中 Walsh P，P 取值 1～7。

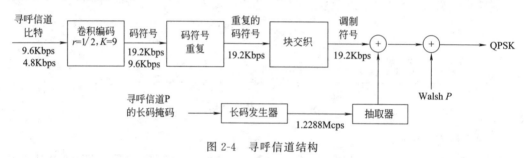

图 2-4　寻呼信道结构

4）前向业务信道

前向业务信道是用于呼叫中，基站向移动台发送用户信息和信令信息的。一个前向 CDMA 信道所能支持的最大前向业务信道数等于 63 减去寻呼信道数和同步信道数（导频信道为必需）。

基站在前向业务信道上以 9600bps、4800bps、2400bps、1200bps 可变数据速率发送信息。前向业务信道帧长是 20ms，随机速率的选择是按帧进行的。

前向业务信道结构如图 2-5 所示。

2.1.2　反向信道

反向信道由接入信道和反向业务信道组成。这些信道采用直接序列扩频，基站和用户使用不同的长码掩码区分每一个接入信道和反向业务信道。当长码掩码输入长码发生器时，会产生唯一的用户长码序列，其长度为 $2^{42}-1$。对于接入信道，不同基站或同一基站的不同接入信道使用不同的长码掩码，而同一基站的同一接入信道用户使用的长码掩码则是一致的。进入业务信道以后，不同的用户使用不同的长码掩码，也就是不同的用户使用不同的相位偏置。

反向信道的数据传输以 20ms 为一帧，所有的数据在发送之前均要经过卷积编码、块交织、64 阶正交调制、直接序列扩频以及基带滤波。接入信道和业务信道调制的区别在于：接入信道调制不经过最初的"增加帧指示比特"和"数据突发随机化"这两个步骤，也就是说，反向接入信道调制中没有加 CRC 校验比特，而且接入信道的发送速率是固定的 4800bps，而反向业务信道选择不同的速率发送。

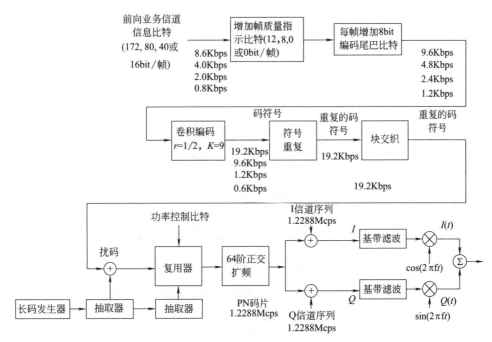

图2-5 前向业务信道结构

反向业务信道支持9600bps、4800bps、2400bps、1200bps的可变数据速率，但是反向业务信道只对9600bps和4800bps两种速率使用CRC校验。

1）接入信道（Access）

移动台使用接入信道的功能包括以下几种。

① 发起同基站的通信；

② 响应基站发来的寻呼信道消息；

③ 进行系统注册；

④ 在没有业务时接入系统和对系统进行实时情况的回应。

接入信道传输的是一个经过编码、交织以及调制的扩频信号。接入信道由其共用长码掩码唯一识别。

移动台在接入信道上发送信息的速率固定为4800bps。接入信道帧长度为20ms。仅当系统时间是20ms的整数倍时，接入信道帧才可能开始。一个寻呼信道最多可对应32个反向CDMA接入信道，标号0～31，移动台选择其中一个作为自己的接续信道，完成发起呼叫（始呼），响应呼叫（被呼）和位置登记等工作。对于每一个寻呼信道，至少应有一个反向接入信道与之对应，每个接入信道都应与一个寻呼信道相关联。

在移动台刚刚进入接入信道时，首先发送一个接入信道前缀，它的帧由96个全零组成，也是以4800bps的速率发射。发射接入信道前缀是为了帮助基站捕获移动台的接入信道消息。接入信道结构如图2-6所示。

2）反向业务信道

反向业务信道是用来在建立呼叫期间传输用户信息和信令信息。移动台在反向业务信道上以可变速率9600bps、4800bps、2400bps、1200bps发送信息。反向业务信道帧的长度为20ms。速率的选择以一帧（即20ms）为单位，即上一帧是9600bps，下一帧就可能是4800bps。

反向业务信道结构如图2-7所示。

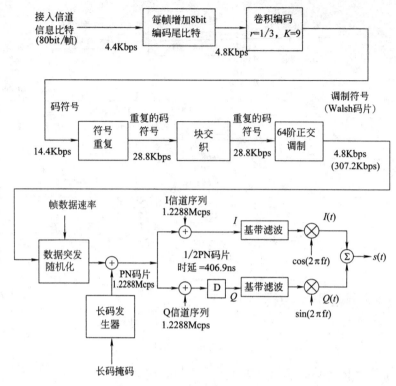

图 2-6   接入信道结构

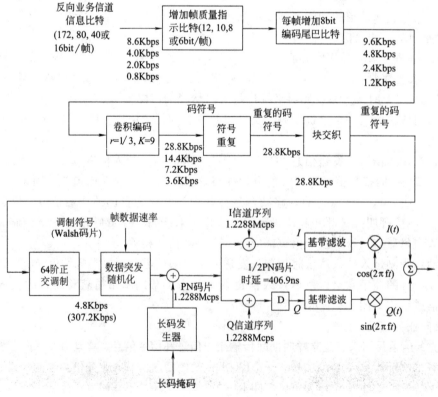

图 2-7   反向业务信道结构

2.2 CDMA 2000-1x 信道类型

2.2.1 CDMA 2000-1x 的特点

CDMA 2000-1x 特点如下。

① 支持高速数据传速；

② 电池的使用寿命更长；

③ 后向兼容 IS-95；

④ IS-95 系统 2 倍的话音容量。

2.2.2 CDMA 2000 的主要设计改进

1）前向链路

快速功率控制：在 IS-95 中，前向是慢速功率控制，每秒 50 次；在 CDMA 2000 中，前向是快速功率控制，每秒 800 次。

使用变长 Walsh 码：一个用户可用多个信道（在 IS-95 中，使用周期 64 的定长 Walsh 码，一个用户只能使用一个信道，在 IS-95 中只能用 1 个）。

使用 Turbo 码进行纠错：在 IS-95 中，使用卷积码进行纠错，在 CDMA 2000 中，启用了纠错能力更强的 Turbo 码进行纠错。

2）反向链路

基于相干导频，接收机采用相干解调。

Walsh 码在 IS-95 中，是用来进行正交调制的；在 CDMA 2000 用来区别码信道。

支持多信道（一个用户可用多个信道），使用 Turbo 码进行纠错。

2.2.3 CDMA 2000-1x 的信道组成

CDMA 2000-1x 的信道分为前向信道、反向信道。

1）CDMA 2000-1x 的前向物理信道包括公用和专用两类

公用物理信道包括：导频信道、同步信道、寻呼信道、广播控制信道、快速寻呼信道、公共功率控制信道、公共指配信道和公共控制信道。前三种是和 IS-95 系统兼容的信道，后面的信道是 CDMA 2000-1x 新定义的前向信道。

专用物理信道包括：专用控制信道、基本信道和补充信道。它们用来在基站和某一特定的移动台之间建立业务连接。CDMA 2000-1x 采用多种数据速率，不同的信道组合得到比 IS-95 显著的优势。CDMA 2000-1x 的信道组成如图 2-8 所示。

2）反向信道也分为反向公用信道和反向专用信道

反向公用信道包括反向导频信道（局部）、反向接入信道、增强接入信道和公共控制信道，这些信道是由多个移动台共享使用的。

反向专用信道包括反向专用控制信道、基本信道、补充信道和补充码分信道。反向信道结构如图 2-9 所示。

标准中定义的信道种类很多，其实在商用 1x 系统中只增加了部分信道。在前向增加快速寻呼信道 F-QPCH、补充信道 F-SCH；在反向增加导频信道 R-PICH 和补充信道 R-SCH。

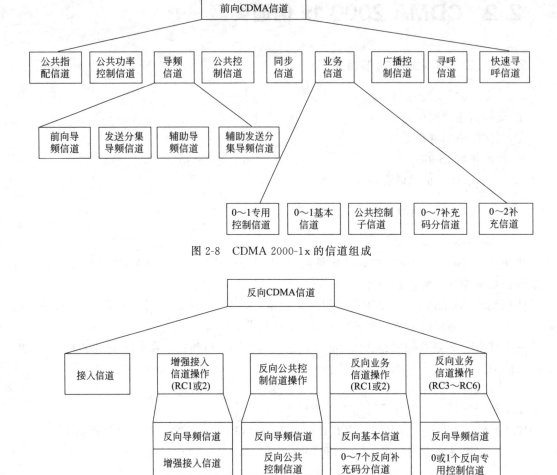

图 2-8   CDMA 2000-1x 的信道组成

图 2-9   反向信道结构

（1）前向快速寻呼信道 F-QPCH。BS 用它来通知覆盖范围内、工作于时隙模式的、且处于空闲状态的 MS，是否应该在下一 F-PCH 的时隙上接收 F-PCH。

使用 QPCH 的目的，是使 MS 不必长时间地监听 F-PCH，从而达到延长 MS 待机时间的目的。为此 F-QPCH 采用的是未编码的、直接进行 OOK 调制的信号。

（2）前向补充业务信道 F-SCH。前向补充信道 F-SCH 是用来在通话过程中，向特定的 MS 传送高速数据信息，用完立即释放。

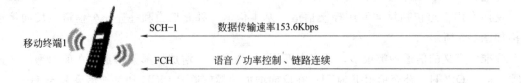

1 个 F-SCH 只能分配给一个用户来使用。F-SCH 使用周期 4～128 位的可变长 Walsh 码，具体使用的码长取决于数据的速率。

（3）反向导频信道 R-PICH。BS 利用它来帮助检测 MS 的发射，进行相干解调；当 MS 的 RL 业务信道工作在 RC3～RC6 时，在 R-PICH 中还插入一个反向功率控制子信道，MS 用该功控子信道支持对 FL 业务信道的功率控制。

（4）反向补充业务信道 R-SCH。用来在通话中向基站发送用户信息，以数据业务为主，反向业务信道中最多可包括 2 个补充信道。

2.3 移动台状态变迁流程

移动台自身状态分为四种：初始化，空闲，接入，业务在线。其中每一状态中又包含若干子状态，这些状态涵盖了移动台各项功能和操作。

① 初始化状态主要完成移动台对系统的选择和捕获；

② 空闲态完成系统消息的获取，登记等功能；

③ 接入状态完成移动台与系统建立连接的过程；

④ 业务在线状态完成移动台与系统间的业务交互。

在一定条件的触发下，这四种状态可以相互转换。移动台状态变迁图如图 2-10 所示。

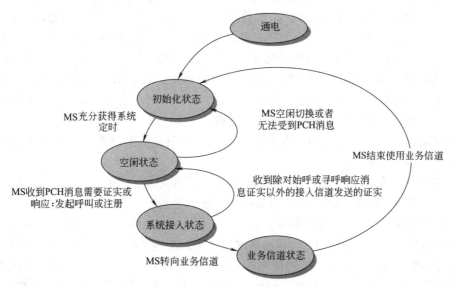

图 2-10　移动台状态变迁图

移动台各个状态说明如下。

1）初始化状态

移动台接通电源后就进入"初始化状态"。在此状态中，移动台不断检测周围各基站发来的导频信号和同步信号。各个基站使用相同的引导 PN 序列，但其偏置各不相同，移动台只要改变其本地 PN 序列的偏置，很容易测出周围有哪些基站在发送导频信号。移动台比较这些导频信号的强度，即可判断出自己处于哪个小区之中。

移动台初始化状态又分为 4 个子状态：确定系统子状态、导频信道捕获子状态、同步信道捕获子状态以及定时改变子状态。其状态转移如图 2-11 所示。

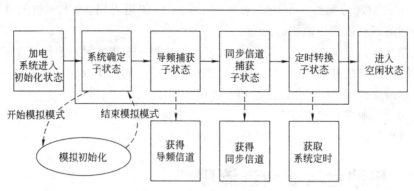

图 2-11　移动台状态转移图

① 确定系统子状态。当移动台上电后，就会产生上电指示，进行系统自检（如检查电池电量），然后进入系统确定子状态并复位相应的系统参数，并根据移动台的设置确定移动台的工作模式为 CDMA 系统还是模拟系统、以及工作频点。移动台从最近一次保存的载频或者从移动台内保存的 Primary 或 Secondary 载频中选择一个频点作为接入 CDMA 系统的载频，此步骤可以称为系统选择过程。这一过程完成后，移动台进入导频捕获子状态。

② 导频捕获子状态。在导频信道捕获子状态中，移动台将其频率调谐到上面所确定的频点上，按照所选的 CDMA 信道进行搜索，如果导频信道在规定的时间 T20m（15s）内捕获成功，则转入同步信道捕获子状态；反之，如果超出这一时间，应产生捕获失败指示，并返回到确定系统子状态。在这个阶段，移动台的导频搜索器利用本地相关器对所有的 PN 偏置进行搜索，找出 E_c/I_o 最大的偏置。如果所有的偏置均低于可解调门限，则认为在该信道上捕获失败。

③ 同步信道捕获子状态。进入这一子状态后，移动台将 RAKE 接收机的分支置于最强的 PN 偏置，同时本地 Walsh 码生成器输出 W_{32}，去解调同步信道中的消息（由于同步信道没有经过长码扰码，故可以解调相应的同步信道）。

如果移动台在 T_{21m}（1s）内没有收到一个有效的同步信道消息，则携带"捕获失败指示"返回系统确定子状态。

④ 定时改变子状态。在这一状态中，移动台主要完成两个工作：一是利用从同步信道消息中提取出的长码状态值（lc_state）设置自己的长码发生器，另一个就是使自己的系统时间与所提取的系统时间（sys_time）同步。由于同步信道的消息发送与系统定时严格对齐，这样就使得移动台可以把自己的长码发生器的状态与整个系统的长码状态对齐。除此之外，还可能进行频率的调整：对于 IS-95 手机，将使用同步信道消息（SCHM）中的 CDMA_FREQ 接收主寻呼信道系统消息。如果当前手机与该 CDMA_FREQ 不一致，手机将频点调整到该频点。对于 CDMA 2000 手机，使用同步信道消息（SCHM）中的 EXT_CDMA_FREQ 接收主寻呼信道系统消息。如果当前手机所在频点与该 EXT_CDMA_FREQ 不一致，手机将频点调整到该频点。

在此基础上，移动台就进入了空闲状态。

2）空闲状态

移动台在完成同步和定时后，即由初始状态经入"空闲状态"。在此状态中，移动台可接收外来的呼叫，可进行向外的呼叫和登记注册的处理，还能置定所需的码信道和数据率。移动台的工作模式有两种：一种是时隙工作模式，另一种是非时隙工作模式。如果是后者，移动台要一直监视寻呼信道；如果是前者，移动台只需要在其指配的时隙中监听寻呼信道，其他时间则关掉接收机（有利于节电）。

3）系统接入状态

如果移动台要发起呼叫，或者要进行登记注册，或者收到一种需要认可或应答的寻呼信息时，移动台即进入"系统接入状态"，并在接入信道上向基站发送有关的信息。这些信息可分为两类：一类属于应答信息（被动发送）；一类属于请求信息（主动发送）。

在上面的几种状态中，移动台需要与基站建立联系，向基站发送信息。而在此之前，移动台只是被动地接收基站下发的各种消息，移动台与基站之间也仅限于单向联系。当移动台要对基站下发的消息进行回应，如响应基站的寻呼，或者要发起新的呼叫时，就必须将自己接入到系统中，在移动台与基站间形成闭环控制状态，这就是移动台的接入。只有在移动台顺利接入后，才能在移动台与基站之间建立双向联系。

IS-95 移动台的接入方案是基于一种时隙方式的 ALOHA 协议。由于所有的用户都可以根据自己的意愿随机地发送接入信息，但是接入信道只有一个，因此他们所发出的帧在时间上就有可能发生冲突，而产生碰撞。碰撞的结果是使碰撞的双方（也可能是多方）所发送的数据都出现差错，因而都必须重发。为了避免继续发生碰撞，各方不能马上重发，ALOHA协议采用的重发策略是让各方等待一段随机的时间，然后再进行重发。如果再进行碰撞，则再等一段随机的时间，直到重发成功为止。

CDMA 2000 中，既兼容了 IS-95 的接入模式，又针对 IS-95 的不足进行了改进。反向随机接入信道保留了原有的接入模式，其接入过程与 IS-95 基本相同。同时，增加了一个增强接入信道，采用了改进的接入方式，以达到更高的接入效率，支持高速数据业务。与 IS-95 的非重叠时隙不同的是，它采用了重叠时隙 ALOHA 的方法，使用长码作为时隙的函数以防止碰撞。这样，用户发送的接入信息在时间轴上可能是部分重叠，因此减小了时延。它在接入信道上还采用了闭环功率控制，提高了信道性能，减小了接入消息的差错概率。另外，在对协议的优化方面，大大缩短了时隙的长度（由 200ms 减为 1.25ms）及超时参数等；可以另外用一个专用信道传送较长的消息，这样可以使得接入信道的负荷不致过高；并且还应用了软切换以提高接入性能。

接入过程如下。

当移动台在寻呼信道中得到上面的接入参数消息后，对自身状态进行配置，于是就可以进行一次接入了。

接入过程是由多次接入尝试组成的，进行一次消息的发送和对该消息的应答的接收（或者接收失败）的整个过程，称为一次接入尝试。而接入尝试的每一次发送过程，都称为一次接入试探（Access Probe）。在一次接入尝试的每一次接入试探中，移动台都发送相同的消息。在一次接入尝试中，接入试探按照接入试探序列（Access Probe Sequences）分成组。每一个接入试探序列由多至 1＋NUM_STEP 个接入试探组成，并在同一个接入信道上发送。而对于每一个接入试探序列，发送的接入信道是从与当前的寻呼信道相关联的所有接入信道中采用伪随机的方法选出来的。每个接入试探序列的第一次试探总是采用与标称开环功率水平（Nominal Open Loop Power Level）相应的发送功率水平。接下来的每一次试探，都采用比前一次高出一定量的功率水平进行发送。

如图 2-12 所示是一个接入子尝试的示意图。从图 2-12 中可以看出，一个接入尝试中包含多个接入试探序列（Access Probe Sequence）。

一个接入试探序列中包含多次接入试探（Access Probe）。如图 2-13 所示说明了一个接入试控序列的构成。

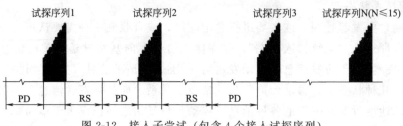

图 2-12　接入子尝试（包含 4 个接入试探序列）

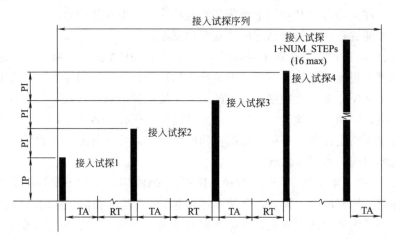

图 2-13　接入尝试序列（包含 5 个接入试探）

4）业务信道状态

在此状态中，移动台和基站利用反向业务信道和前向业务信道进行信息交换。

思考题

一、单选选择题

1. 两个导频序列偏置的最小间隔是（　　）。

　A. 1s　　　　　　　　B. 1Hz　　　　　　　C. 1chip　　　　　　　D. 64chip

2. CDMA 2000-1x 系统，移动台进入系统捕获子状态，最先使用的前向信道是（　　）。

　A. 导频　　　　　　　B. 同步　　　　　　　C. 寻呼　　　　　　　D. 快速寻呼

3. 短 PN 序列使用（　　）个移位寄存器。

　A. 15　　　　　　　　B. 16　　　　　　　　C. 17　　　　　　　　D. 18

4. CDMA 2000-1x 系统手机在空闲状态是通过（　　）信道发送消息给基站。

　A. 反向业务　　　　　B. 反向接入　　　　　C. 同步　　　　　　　D. 以上都不对

5. 使用 QPCH 的目的，是使 MS 不必长时间地监听 F-PCH，从而达到延长 MS（　　）时间的目的。

　A. 停顿　　　　　　　B. 通话　　　　　　　C. 传输　　　　　　　D. 待机

二、简答题

简述一下手机从早晨开机到第一个电话拨出，手机状态的转移过程？

第3章 CDMA系统的网络结构及信令流程

3.1 IS-95 和 CDMA 2000-1x 系统结构

IS-95 系统为第二代移动通信系统，CDMA 2000-1x 网络属于 2.5 代移动通信系统，为第三代移动通信系统 CDMA 2000 的单载波阶段。CDMA 95 系统只能提供语音和低速数据业务，而 CDMA 2000-1x 系统可以提供高速分组数据业务，在无线子系统中增加了 PCF（Packet Control Function）、PDSN（Packet Data Serving Node）等数据节点，接口增加了 A8/A9 和 A10/A11。其网络结构如图 3-1 所示。

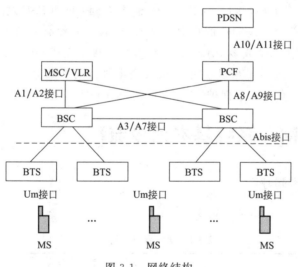

图 3-1　网络结构

图中设备介绍如下。

BTS 用于在小区内建立无线覆盖并与移动台通信，移动台可以是 IS-95 或 CDMA 2000-1x 制式手机；BSC 用来控制多个 BTS。

PCF 分组控制功能是 CDMA 2000-1x 无线网络中新增的功能实体，用于转发无线子系统和 PDSN 之间的消息。PCF 可能是集成在 BSC/MSC 中的某些板卡，也可能是单独的设备。用户连接时，MSC 根据 Service Option（服务选项）来判断用户是申请语音业务或数据业务，如果是数据业务，则触发 PCF 和 PDSN 建立连接。

PCF 和 PDSN 之间的连接称为 RP 接口，也称为 A10/A11 接口，A10 为数据接口，A11 为信令接口。信令接口负责 RP 通道的建立、维持和拆除，数据接口负责用户数据的传输。

PDSN 是 CDMA 2000-1x 分组网里的关键设备，它完成和无线网络（PCF）及 IP 网络的接口，起着桥梁的作用。PDSN 和 PCF 建立 A10/A11 连接，A10 采用 GRE（通用路由协议）封装，PDSN 和移动终端建立 PPP 连接，把终端发送来的 PPP/GRE 数据转换成标准的 IP 数据，路由到 IP 网络，同时，将网络发送来的 IP 数据封装在 PPP/GRE 里传送给终端。

PDSN 在 AAA 系统中充当 Radius 客户端的功能，将 PCF 发送来的计费参数和自身统计的计费参数结合形成 UDR（用户数据记录），传递给 Radius 服务器。在简单 IP 应用中，PDSN 负责给用户分配 IP 地址。

图 3-1 中的接口介绍如下。

Abis 接口用于 BTS 与 BSC 之间的连接；

A1 接口用于传输 MSC 与 BSC 之间的信令信息；

A2 接口用于传输 MSC 与 BSC 之间的语音信息；

A3 接口用于传输 BSC 之间的用户话务（包括语音和数据）和信令；

A7 接口用于传输 BSC 之间的信令，以支持 BSC 之间的软切换；

A8 接口用于传输 BSC 与 PCF 之间的用户业务；

A9 接口用于传输 BSC 与 PCF 之间的信令信息；

A10 接口用于传输 PCF 与 PDSN 之间的用户业务；

A11 接口用于传输 PCF 与 PDSN 之间的信令信息。

A8、A9、A10、A11 是 CDMA 2000-1x 系统新增的接口，其中 A10/A11 接口是无线子系统与分组核心网之间的开放接口。CDMA 标准规定，PCF 和 BSC 之间通过开放的 A8/A9 接口进行通信，但大部分设备制造商将 PCF 与 BSC 合设，没有开放 PCF 与 BSC 之间的接口。物理上 PCF 可连接一个或多个 BSC，BSC 也可连接 1 个或多个 PCF。

可见 CDMA 2000-1x 技术是建立在 IS-95A 空中接口的基础上的，最大限度地利用了成熟的技术，可以减少工程投资、保护 IS-95A 网的投资并实现网络的平滑过渡。

3.2　CDMA 系统基本信令流程

3.2.1　语音业务起呼

语音业务起呼流程如图 3-2 和表 3-1 所示。

表 3-1　语音业务起呼流程

动　作	动　作　描　述
a	移动台（通过 RACH）发送起呼消息
b	BS（通过 PCH）回证实指令
c	BS 向 MSC 送完层 3 消息，其中包含 CM Service Request 消息，请求 MSC 分配地面电路
d	MSC 回应指配请求（MSC 为用户分配地面电路），并指示 BSC 为用户分配无线信道
e	BS（通过 PCH）向移动台发送无线信道指配消息
f	移动台开始在业务信道上发送前缀，目的是验证信道质量
g	BS（通过 TCH）回基站证实指令
h	移动台（通过 TCH）回移动台证实指令
i	BS（通过 TCH）发送业务连接消息
j	移动台（通过 TCH）发送业务连接完成消息
k	BS 发送指配完成消息（包括地面电路和无线信道）给 MSC
l	MSC 送回铃音

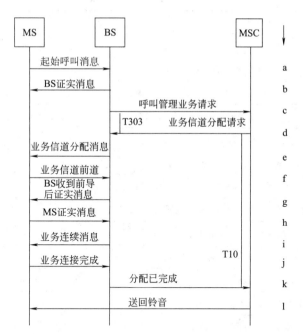

图 3-2 语音业务起呼流程

3.2.2 语音业务被呼

语音业务被呼流程如图 3-3 和表 3-2 所示。

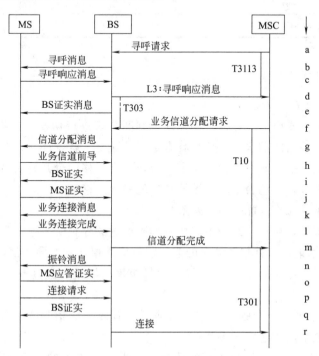

图 3-3 语音业务被呼流程

表 3-2 语音业务被呼流程

动 作	动 作 描 述
a	MSC 发起寻呼请求
b	BS(通过 PCH)向移动台发送寻呼消息
c	移动台(通过 RACH)向 BS 回寻呼响应消息
d	BS 向 MSC 回寻呼响应消息,请求 MSC 分配地面电路,并设置定时器 T303
e	BS(通过 PCH)向移动台送基站证实指令
f	BS 收到 MSC 的无线信道指配请求
g	BS(通过 PCH)向移动台发送无线信道指配消息
h	移动台开始在业务信道上发送前缀,目的是验证信道质量
i	BS(通过 TCH)向移动台回基站证实指令
j	移动台(通过 TCH)回移动台证实指令
k	BS 发送业务连接消息
l	移动台发送业务连接完成消息
m	BS 发送指配无线信道完成消息
n	BS 送信息提示消息
o	移动台回证实指令
p	移动台发连接指令
q	BS 向移动台送证实指令
r	BS 向 MSC 送连接指令

3.2.3 切换流程

1) 切换中用到的基本概念

移动台根据各基站或扇区导频信号的强度来判断是否进行切换及切换到哪个相邻基站。当移动台探测到某个基站或扇区导频信号具有足够的强度,就发送一条导频信号强度测量消息至基站,基站分配一条前向业务信道给移动台,并指示移动台开始切换。

为此,业务状态下,移动台中引入了导频集的概念。移动台中有 4 个存储器,存放基站的导频信道所用 PN 短码的偏置序号,如图 3-4 所示。

相对于移动台来说,在某一载频下,所有不同偏置的导频信号被分类为如下集合。

① 有效导频信号集:所有与移动台的前向业务信道相联系的导频信号。

② 候选导频信号集:当前不在有效导频信号集里,但是已经具有足够的强度,能被成功解调的导频信号。

③ 相邻导频信号集:由于强度不够,当前不在有效导频信号集或候选导频信号集内,但是可能会成为有效集或候选集的导频信号。

④ 剩余导频信号集:在当前 CDMA 载频上,当前系统里的所有可能的导频信号集合(PILOT _ INCs 的整数倍),但不包括在相邻导频信号集,候选导频信号集和有效导频信号集里的导频信号。

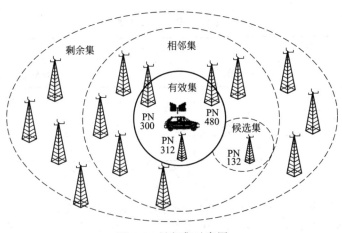

图 3-4 导频集示意图

2）软切换的门限参数

① T＿ADD：导频信号加入门限，如果移动台检查相邻导频信号集或剩余导频信号集中的某一个导频信号的强度达到 T＿ADD，移动台将把这一导频信号加到候选导频信号集中，并向基站发送导频强度测量报告消息（PSMM）。

② T＿DROP：导频信号去掉门限，移动台需要对在有效导频信号集和候选导频信号集里的每一个导频信号保留一个切换去掉定时器。当与之相对应的导频信号强度小于 T＿DROP 时，移动台需要打开定时器。如果与之相对应的导频信号强度超过 T＿DROP，移动台则复位该定时器。如果达到 T＿TDROP，移动台复位该定时器，并向基站发送 PSMM。如果 T＿TDROP 改变，移动台必须在 100ms 内开始使用新值。

③ T＿TDROP：切换去掉定时器，该定时器超时，若该定时器所对应的导频信号是有效导频信号集的一个导频信号，就发送 PSMM。如果这一导频信号是候选导频信号集中的导频信号，它将被移至相邻导频信号集。

④ T＿COMP：有效导频信号集与候选导频信号集比较门限，当候选导频信号集里的导频信号强度比有效导频信号集中的导频信号超过此门限时，移动台发送一个 PSMM。基站置这一字段为候选导频信号集与有效导频信号集比值的门限，单位为 0.5dB。

可见，T＿ADD、T＿COMP、T＿DROP 与导频 E_c/I_O 的测量有关，T＿TDROP 是计时器，只要有效集合中导频的强度下降到低于 T＿DROP 值，移动台启动计时器，如图 3-5 所示。切换参数设置见表 3-3。

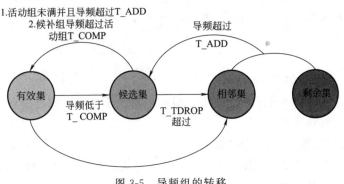

图 3-5 导频组的转移

表 3-3 切换参数设置

参数	范围	推荐值	影响
T_ADD	$-31.5\sim0$dB	-13dB	影响覆盖,导频检测容量,切换数量
T_COMP	$0\sim7.5$dB	2.5dB	影响覆盖,容量,切换数量
T_DROP	$-31.5\sim0$dB	-15dB	
T_TDROP	$0\sim100$s	2s	

3）软切换搜索窗口

对各种不同导频集,手机采用不同的搜索策略。对于激活集与候选集,采用的搜索频度很高,相邻集的搜索频度次之,对剩余集的搜索最慢。

手机搜索能力有限,当搜索窗尺寸越大、导频集中的导频数越多时,遍历导频集中所有导频的时间就越长。

SRCH _ WIN _ A:有效导频信号集和候选导频信号集搜索窗口的大小,它对应于移动台使用的有效导频信号集和候选导频信号集搜索窗口的大小。移动台的搜索窗口以有效导引信号集中最早到来的可用导频信号多径成分为中心。

SRCH _ WIN _ N:相邻导频信号集搜索窗口的大小,它对应于移动台使用的相邻导引信号集搜索窗口大小的值。移动台应以导频的 PN 序列偏置为搜索窗口中心。

SRCH _ WIN _ R:剩余导频信号集搜索窗口的大小,它对应于移动台使用的相邻导频信号集搜索窗口大小的值。移动台应以导频的 PN 序列偏置为搜索窗口中心,移动台应仅搜索剩余导频信号集中其导频信号 PN 序列偏置等于 PN-INC 整数倍的导频信号。

软切换搜索窗口的推荐值见表 3-4。

表 3-4 软切换搜索窗口的推荐值

参数	范围	推荐范围
SRCH_INC_A	$0\sim15$	$5\sim7$
SRCH_INC_N	$0\sim15$	$7\sim13$
SRCH_INC_A	$0\sim15$	优化时 $7\sim13$ 优化后 0

搜索窗口参数值是以映射 PN 码片的窗口大小为单位

CDMA 2000-1x 系统关于切换的参数还有三个:软切换斜率、切换加截距、切换去截距。

4）软切换算法

IS-95 的软切换过程如图 3-6 所示。

（1）MS 检测到某个导频强度超过 T _ ADD,发送导频强度测量消息（PSMM）给 BS,并且将该导频移到候选集中;

（2）BS 发送切换指示消息（HDM）;

（3）MS 将该导频转移到有效导频集中,并发送切换完成消息（HCM）;

（4）有效集中的某个导频强度低于 T _ DROP,MS 启动切换去定时器（T _ TDROP）;

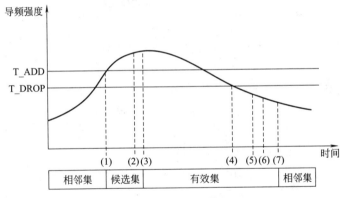

图 3-6　IS-95 的软切换过程

（5）切换去定时器超时，导频强度仍然低于 T _ DROP，MS 发送 PSMM；

（6）BS 发送切换指示消息；

（7）MS 将该导频从有效导频集移到相邻集中，并发送切换完成消息。

5）软切换消息

导频强度测量消息（PSMM）；

切换指示消息（HDM）；

切换完成消息（HCM）；

邻区列表更新消息（NLUM）。

6）基本信道的软切换流程

基本信道软切换流程如图 3-7 和表 3-5 所示。

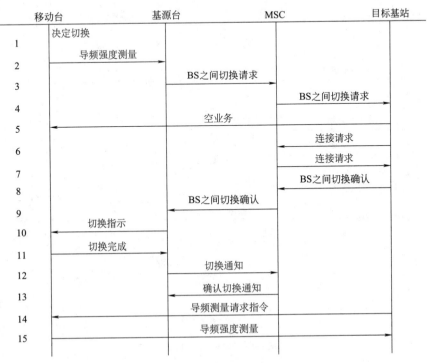

图 3-7　基本信道软切换流程

表 3-5　基本信道软切换流程

动　作	动　作　描　述
①	移动台测定非当前服务基站具有足够强度的导频信号作为切换的目标
②	移动台给服务基站发送一个导频信号强度测量消息
③	服务基站给移动交换中心发送一个新目标基站切换请求消息
④	移动交换中心接到切换请求消息,并向目标基站发送一个切换请求消息
⑤	目标基站通过发送空业务消息来建立与移动台的通信
⑥	目标基站给移动交换中心发送连接请求消息
⑦	移动交换中心协调来自新旧两个基站的连接,从而可以进行软切换,并且移动交换中心给目标基站发送连接确认消息
⑧	目标基站给移动交换中心发送可以切换成功确认消息
⑨	移动交换中心给服务基站发送切换确认消息
⑩	服务基站移动台发送切换指示消息
⑪	移动台给服务基站发送切换完成消息
⑫	服务基站给移动交换中心发送切换通知消息
⑬	移动交换中心确认切换通知消息
⑭	目标基站和移动台发送导频信号测量请求指令消息
⑮	移动台给目标基站发送到频信号强度测量消息

7) BS 间硬切换流程

BS 间硬切换流程如图 3-8 和表 3-6 所示。

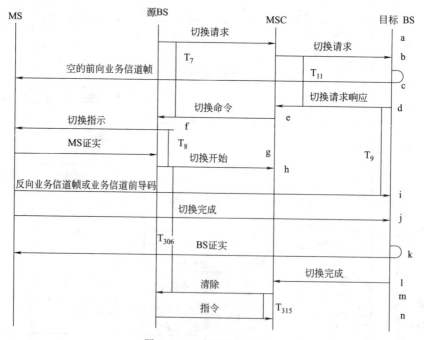

图 3-8　BS 间硬切换流程

表 3-6 BS 间硬切换流程

动 作	动 作 描 述
a	根据 MS 的报告,信号强度已经超过网络指定的阈值或有其他原因,源 BS 切换判决后发起至目标基站的硬切换。源 BS 向 MSC 发送带小区列表的切换申请消息,并启动定时器 T7
b	由于切换申请消息中已指示切换为硬切换,因此 MSC 向目标 BS 发送带信道识别单元的切换请求消息。切换请求消息中的电路识别码扩展单元将指示连至目标 BS 侧的电路识别码,以支持 A5 连接,MSC 启动定时器 T11
c	收到 MSC 的切换请求消息后,目标 BS 按照消息中的指示,分配相应的无线资源,向 MS 发送空的前向业务信道帧
d	目标 BS 向 MSC 发送切换请求证实消息,MSC 关闭定时器 T11。目标 BS 开启定时器 T9,等待捕获到 MS 的反向业务信道前导
e	MSC 准备从源 BS 至目标 BS 的切换,并向源 BS 发送切换命令,源 BS 关闭定时器 T7
f	源 BS 向 MS 发送切换指示消息,源 BS 开启定时器 T8 等待切换完成消息
g	MS 向源 BS 发送移动台证实指令,作为切换指令消息的响应。源 BS 关闭定时器 T8
h	源 BS 向 MSC 发送切换开始消息,通知 MS 已经被命令切换至目标 BS 信道
i	MS 向目标 BS 发送反向业务信道帧或业务信道前导码,目标 BS 捕获 MS 后停止定时器 T9
j	MS 向目标 BS 发送切换完成消息
k	目标 BS 发送基站证实指令
l	目标 BS 向 MSC 发送切换完成消息,通知 MS 已经成功完成了硬切换
m	MSC 向源 BS 发送清除命令消息
n	源 BS 发送清除完成消息通知 MSC

3.2.4 移动台发起的语音业务释放

语音业务释放流程如图 3-9 和表 3-7 所示。

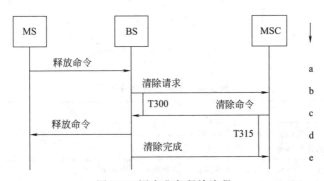

图 3-9 语音业务释放流程

表 3-7 语音业务释放流程

动 作	动 作 描 述
a	MS 在收到用户的释放指示(关机或挂机)后,在反向业务信道上发送呼叫释放命令
b	BS 向 MSC 发送清除请求消息,启动呼叫释放,同时启动定时器 T300
c	MSC 发送清除命令消息给 BS,通知 BS 释放相关资源,同时启动定时器 T315
d	基站收到 MSC 的指令后,释放相关资源
e	BS 回送清除完毕消息给 MSC

上面介绍的是移动台发起的语音业务释放流程，至于基站发起、MSC 发起的语音业务释放流程与 MS 发起的流程类似，这里不再叙述。

3.2.5 数据业务起呼

数据业务起呼流程如图 3-10 和表 3-8 所示。

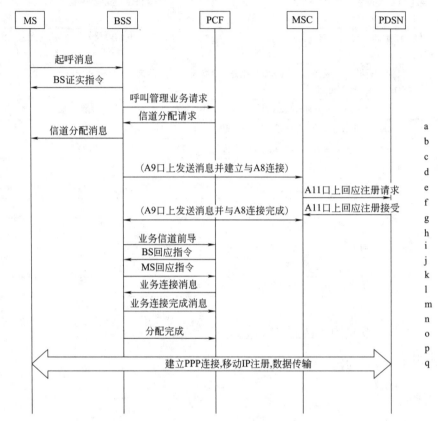

图 3-10   数据业务起呼流程

表 3-8   数据业务起呼流程

动 作	动 作 描 述
a	为了登记分组数据业务,移动台通过接入信道向基站发送带有要求层 2 确认指示的起呼消息,起呼消息包括有一个分组数据业务选项
b	基站通过向移动台发送基站证实指令表明接收到了起呼消息
c	基站构造一条 CM ServiceRequeat(呼叫管理业务请求)消息,将它放在层三消息中发送给 MSC,开启定时器 T303
d	MSC 向基站发送 Assignment Request(分配请求)消息,请求指配无线资源,并开启定时器 T10,在 MSC 与 BS 之间没有地面电路指配给分组数据呼叫
e	基站分配无线资源,向 MS 发送 ECAM 消息
f	基站向 MS 发送前向业务信道空帧
g	MS 在反向业务信道上发送业务信道前缀,帮助基站捕获反向业务信道

续表

动 作	动 作 描 述
h	基站接收到移动台发送的反向业务信道前缀后,基站向 PCF 发送带有数据准备指示比特为 1 的 A9-setup-A8 消息并建立 A8 连接,并开启定时器 TA8-setup
i	PCF 确认目前没有本移动台的 A10 连接后,为本次呼叫选择一个 PDSN/PCF 向选中的 PDSN 发送一条带有存活时间(Lifetime)为非零的 All-Registration Request(注册请求)消息.本消息也包括统计数据(R-P 部分的空中链路记录),PCF 开启定时器 Tregreq
j	如果 All-Registration 是有效的,并且 PDSN 接收了该连接通过回送带有接收指示和存活时间 Lifetime＝Trp 的 Ali-Registration Reply 消息。PDSN 和 PCF 都对该 A10 连接产生一个捆绑记录,PCF 停止定时器 Tregreq
k	PCF 向 BSSAP 回送 A9-Connect-A8,包含由 PCF 分配的分配标识前向 A8 连接的 Key 和 PCF 的 IP 地址,A8 建立成功
l	在 BSSAP 建立 A8 的同时,DSCHP 也同时进行业务协商过程 基站向移动台发送基站证实指令 BS Ack Order,表明已经基站已经捕获了反向 FCH 的 preamble(前导)
m	移动台回送证实 MS Ack Order
n	DSCHP 向移动台发送业务连接消息 Service Connect Msg,把当前 FCH 的配置信息发送给移动台
o	移动台接受当前的配置,向基站发送业务连接完成消息 Service Connect Completion Msg,业务协商过程完成
p	BSSAP 向 MSC 发送指配完成消息 Assignment Complete
q	移动台和 PDSN 之间建立 PPP 连接和移动 IP 的登记过程,移动台和 PDSN 之间在 FCH 上传送分组数据

思考题

一、单选选择题

1. CDMA 2000-1x 网络中,不同 BS 之间的接口是 (　　)。

　　A. A1/A2　　　　　　B. A3/A7　　　　　　C. A8/A9　　　　　　D. A10/A11

2. BSC 所不具备的功能是 (　　)。

　　A. 基带信号的调制与解调　　　　　　B. 无线资源的分配

　　C. 呼叫处理　　　　　D. 功率控制

3. CDMA 2000-1x 网络中,MSC 与 BSC 之间的接口是 (　　)。

　　A. A1/A2　　　　　　B. A3/A7　　　　　　C. A8/A9　　　　　　D. A10/A11

4. PDSN 是 (　　) 的缩写。

　　A. 认证授权计费　　　B. 分组核心网　　　C. 传输网　　　　　D. 分组数据服务节点

5. PN 长码的用途是 (　　)。

　　A. 长码扰码　　　　　B. 短码正交调制　　　C. 标识基站　　　　D. 标识用户

6. PCF 与 PDSN 之间的接口是 (　　) 接口。

　　A. A1/A2　　　　　　B. A8/A9　　　　　　C. A10/A11　　　　　D. A3/A7

7. 分组数据业务的计费在 (　　) 处实现。

　　A. BSSAP　　　　　　B. PCF　　　　　　　C. PDSN　　　　　　D. MSC

8. 下列关于导频集的说法正确的是（　　　）。

　　A. 候选集的导频强度低于激活集中的导频强度

　　B. 剩余集和相邻集相比，前者没有加入到邻区列表中

　　C. 剩余集和相邻集的搜索速度是一样的

　　D. 处于待机状态的终端与锁定的导频之间没有业务连接，这个导频不属于任何一个导频集

9. 两个导频序列偏置的最小间隔是（　　　）。

　　A. 1s　　　　　　　　B. 1Hz　　　　　　　C. 1chip　　　　　　D. 64chip

10. CDMA 2000-1x 系统中，移动台是通过（　　　）信道获取载频信息的。

　　A. 导频信道　　　　B. 同步信道　　　　C. 寻呼信道　　　　　D. 快寻呼信道

二、判断题

1. 同步信道用来为移动台提供时间和帧同步。同步信道上使用的导频 PN 序列偏置与同一前向导频信道上使用的相同，一旦移动台捕获导频信道，即可以认为移动台与这个前向信道的同步信道达到同步。（　　　）

2. 同步信道的比特率是1200bps，帧长为20ms。一个同步信道超帧（60ms）由三个同步信道帧组成，在同步信道上以同步信道超帧为单位发送消息。（　　　）

3. 一个寻呼信道可最多对应 32 个反向接入信道，标号从 0～31。对于每个寻呼信道，至少应有一个反向接入信道与之对应，每个接入信道都应与一个寻呼信道相关连。（　　　）

三、简答题

1. 搜索窗的作用是什么？如果 SRCH_Win_A 设置成 6，对应的码片数为 28（±14），表示的含义是什么？

2. 什么是切换？切换分为哪些种类？各自的特点是什么？

3. 切换的目的是什么？

4. 硬切换发生的场景有哪些？

5. 什么是导频集 CDMA 系统中有哪些导频集？它们的定义是什么？它们的大小是怎样的？

6. 剩余集的作用是什么？

7. 手机什么时候发送 PSMM 消息？T_ADD、T_DROP、T_TDROP、T_COMP 这几个参数的作用分别是什么？

8. 有哪几个前向搜索窗？其作用是什么？

9. 简述几个搜索窗之间的设置关系。

第**4**章 天线与电波传播

移动通信系统中，空间无线信号的发射和接收都是依靠天线来实现的。因此，天线对于移动通信网络来说，有着举足轻重的作用，如果天线的选择（类型、位置）不好，或者天线的参数设置不当，都会直接影响整个移动通信网络的运行质量。尤其在基站数量多，站距小，载频数量多的高话务量地区，天线选择及参数设置是否合适，对移动通信网络的干扰，覆盖率接通率及全网服务质量都有很大影响。

4.1 基站天馈系统

基站天线与馈线系统（简称：天馈系统）参见示意图 4-1，其中主要包括以下几部分。

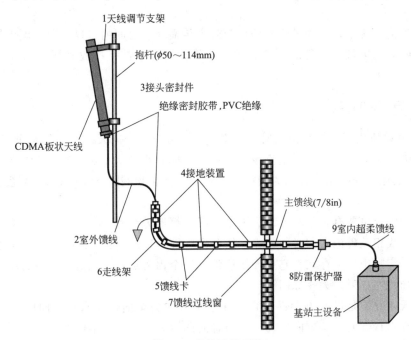

图 4-1　基站天馈系统

（1）天线调节支架。用于调整天线的俯仰角度，范围为 $0°\sim15°$。

（2）室外跳线。用于天线与 7/8in（1in＝25.4mm）主馈线之间的连接。常用的跳线采用 1/2in 馈线，长度一般为 3m。

（3）接头密封件。用于室外跳线两端接头（与天线和主馈线相接）的密封。常用的材料有绝缘防水胶带和 PVC 绝缘胶带。

（4）接地装置（7/8in 馈线接地件）。主要是用来防雷和泄流，安装时与主馈线的外导体直接连接在一起。一般每根馈线装三套，分别装在馈线的上、中、下部位，接地点方向必须顺着电流方向。

（5）7/8in 馈线卡子。用于固定主馈线，在垂直方向，每间隔 1.5m 装一个，水平方向每间隔 1m 安装一个（在室内的主馈线部分，不需要安装卡子，一般用尼龙白扎带捆扎固定）。常用的 7/8in 卡子有两种：双联和三联。7/8in 双联卡子可固定 2 根馈线；三联卡子可固定 3 根馈线。

（6）走线架。用于布放主馈线、传输线、电源线及安装馈线卡子。

（7）馈线过窗器。主要用来穿过各类线缆，并可用来防止雨水、鸟类、鼠类及灰尘的进入。

（8）防雷保护器（避雷器）。主要用来防雷和泄流，装在主馈线与室内超柔跳线之间，其接地线穿过过线窗引出室外，与塔体相连或直接接入地网。

（9）室内超柔跳线。用于主馈线（经避雷器）与基站主设备之间的连接，常用的跳线采用 1/2in 超柔馈线，长度一般为 2～3m。

由于各公司基站主设备的接口及接口位置有所不同，因此室内超柔跳线与主设备连接的接头规格也有所不同，常用的接头有 7/16DIN 型、有 N 型。有直头，也有弯头。

4.2　天线的概念

在无线通信系统中，天线是收发信机与外界传播介质之间的接口。同一副天线既可以辐射又可以接收无线电波：发射时，把高频电流转换为电磁波；接收时把电磁波转换为高频电流。

4.2.1　天线的分类

CDMA 基站所用天线类型按辐射方向来分也可分有：全向天线、定向天线。

按极化方式来区分主要有：垂直极化天线（也叫单极化天线）、交叉极化天线（也叫双极化天线）。上述两种极化方式都为线极化方式。圆极化和椭圆天线在 CDMA 系统中一般不采用。

按外形来区分主要有：鞭状天线、平板天线、帽形天线等。

在论述天线相关理论之前必须首先介绍各向同性（Isotropic）天线。各向同性天线是一种理论模型，实际中并不存在，它把天线假设为一个辐射点源，能量以该点为中心以电磁场的形式向四周均匀辐射，为一球面波。

但全向天线并不是没有方向性，它只在水平方向为全向，在水平方向图上表现为 360°均匀辐射。在垂直方向是有方向性的。它与各向同性天线是两个不同的概念。

4.2.2　天线辐射电磁波的基本原理

导线载有交变电流时，就可以形成电磁波的辐射，辐射的能力与导线的长短和形状有关。当导线的长度远小于波长时，导线的电流很小，辐射很微弱。

当导线的长度增大到可与波长相比拟时，导线上的电流就大大增加，因而就能形成较强的辐射。通常将上述能产生显著辐射的直导线称为振子。

两臂长度相等的振子叫做对称振子。每臂长度为 1/4 波长。全长与波长的一半相等的振子，称为半波对称振子，如图 4-2 所示。半波对称阵子是 CDMA 基站主用天线的基本单元，半波阵子的优点是能量转换效率高。一个半波对称振子在 800MHz 约 200mm 长。

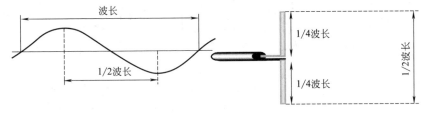

图 4-2 半波对称振子

4.2.3 天线的参数

在选择 CDMA 基站天线时，需要考虑其电气和机械性能。

电气性能主要包括：工作频段、增益、极化方式、波瓣宽度、下倾方式、预置倾角、下倾角调整范围、前后抑制比、幅瓣抑制比、零点填充、回波损耗、功率容量、阻抗以及三阶互调等。

机械性能主要包括：尺寸、重量、天线输入接口以及风载荷等。

（1）天线工作频段。CDMA 2000 基站的频段有：800MHz、1900MHz 和 2100MHz。下文将分别描述这几种频段的具体范围。

800MHz CDMA 2000/IS-95 系统的频率如下。

前向：869.025～893.985MHz。

反向：824.025～848.985MHz。

1900MHz CDMA 2000/IS-95 系统系统的频率如下。

前向：1930.000～1989.950MHz。

反向：1850.000～1909.950MHz。

2100MHz CDMA 2000/IS-95 系统系统的频率如下。

前向：2110.000～2169.950MHz。

反向：1920.000～1979.950MHz。

（2）天线增益。天线作为一种无源器件，其增益的概念与一般功率放大器增益的概念不同。功率放大器具有能量放大作用，但天线本身并没有把增加所辐射信号的能量，它只是通过天线阵子的组合并改变其馈电方式把能量集中到某一方向。

增益是天线的重要指标之一，它表示天线在某一方向能量集中的能力。表示天线增益的单位通常有两个：dBi、dBd。两者之间的关系为：$x\,dBi = (x + 2.15)\,dBd$。

dBi 定义为实际的方向性天线（包括全向天线）相对于各向同性天线能量集中的相对能力，"i" 即相对于表示各向同性——Isotropic。

dBd 定义为实际的方向性天线（包括全向天线）相对于半波阵子天线能量集中的相对能力，"d" 即表示相对于偶极子——Dipole。

两种增益单位的关系如图 4-3 所示。

天线增益不但与阵子单元数量有关，还与水平半功率角和垂直半功率角有关。

（3）天线方向图。天线辐射的电磁场在固定距离上随角坐标分布的图形，称为方向图。

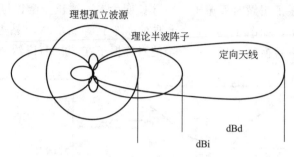

图 4-3   dBi 与 dBd 的关系

用辐射场强表示的称为场强方向图，用功率密度表示的称为功率方向图，用相位表示的称为相位方向图。在移动通信工程中，通常用功率方向图来表示。

天线方向图是空间立体图形，但是通常用两个互相垂直的主平面内的方向图来表示，称为平面方向图。一般叫做垂直方向图和水平方向图。

一个单一的半波对称振子具有"面包圈"形的方向如图 4-4 所示。

平面方向图   垂直方向图

图 4-4   半波对称振子的方向图

在地平面上，为了把信号集中到所需要的地方，要求把"面包圈"压成扁平的。多个半波对称振子组阵能够控制辐射能构成"扁平的面包圈"。所以高增益的天线由于阵子多，一般体积较大，如图 4-5 所示。

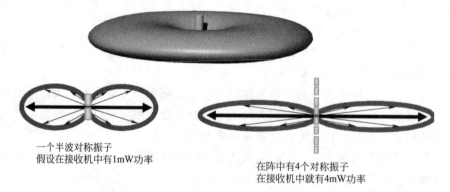

一个半波对称振子
假设在接收机中有1mW功率

在阵中有4个对称振子
在接收机中就有4mW功率

图 4-5   高增益的天线的方向图

就水平方向图而言，有全向天线与定向天线之分。全向天线在水平面各个方向上，电波的辐射和接收能力相同，而定向天线在水平面各个方向上，电波的辐射和接收能力不同，如图 4-6 所示。

（4）波束宽度。天线具有的方向性本质上是通过振子的排列以及各振子馈电相位的变化来获得的，在原理上与光的干涉效应十分相似。因此会在某些方向上能量得到增强，而某些方向上能量被减弱，即形成一个个波瓣（或波束）和零点。在方向图中通常都有两个或多个瓣，其中能量最强的波瓣叫主瓣，上下次强的波瓣叫第一旁瓣，依次类推。与主瓣相反方向上的旁瓣叫后瓣。

主瓣两半功率点间的夹角定义为天线方向图的波瓣宽度，称为半功率角，或 3dB 波束宽度，如图 4-7 所示。

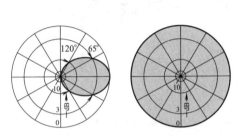

图 4-6　全向天线与定向天线的方向图

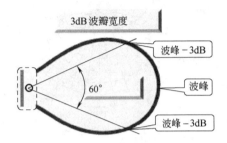

图 4-7　天线的半功率角

3dB 波束宽度通常包括水平波束宽度与垂直波束宽度。波束宽度分水平 3dB 波瓣宽度和垂直 3dB 波瓣宽度。全向天线的水平波束宽度均为 360°，定向天线的常见水平波瓣 3dB 宽度有 20°、30°、65°、90°、105°、120°、180°多种，如图 4-8 所示。

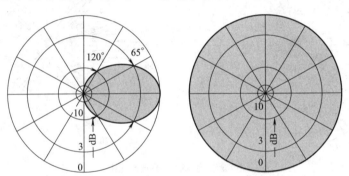

图 4-8　水平波瓣水平波束宽度

天线的垂直波瓣 3dB 宽度与天线的增益、水平 3dB 宽度密不可分。一般来说，在采用同类的天线设计技术条件下，增益相同的天线中，水平波瓣越宽，垂直波瓣 3dB 越窄。

如图 4-9 所示是一定向天线的水平及垂直方向图、全向天线的水平及垂直方向图。

主瓣瓣宽越窄，则方向性越好，抗干扰能力越强。常用的基站天线水平波束宽度有 360°、90°、65°等，垂直波束宽度有 6.5°、7°、10°、16°等。波束宽度越窄，增益越大。

（5）前后比。前后比是指天线在主瓣方向与后瓣方向信号辐射强度之比，天线的后向 180°±30°以内的副瓣电平与最大波束之差，用正值表示。一般天线的前后比在 18～45dB 之间。对于密集市区要积极采用前后比抑制大的天线，如图 4-10 所示。

（6）零点填充、上副瓣抑制。零点填充，基站天线垂直面内采用赋形波束设计时，为了使业务区内的辐射电平更均匀，下副瓣第一零点需要填充，不能有明显的零深。高增益天线由于其垂直半功率角较窄，尤其需要采用零点填充技术来有效改善近处的覆盖。

上副瓣抑制，对于小区制蜂窝系统，为了提高频率复用效率，减少对邻区的同频干扰，基站天线波束赋形时应尽可能降低那些瞄准干扰区的副瓣，提高有用和无用信号强度之比，

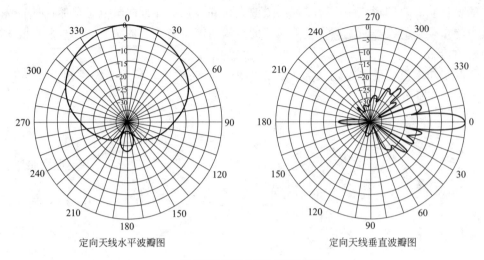

定向天线水平波瓣图　　　　　　定向天线垂直波瓣图

(a) 定向天线的水平及垂直方向图

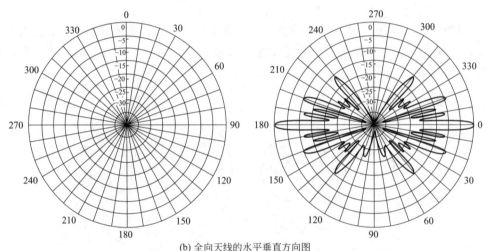

(b) 全向天线的水平垂直方向图

图 4-9　水平及垂直方向图

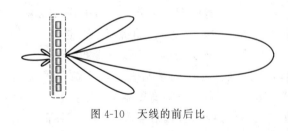

图 4-10　天线的前后比

上第一副瓣电平应小于－18dB，对于大区制基站天线无这一要求。

（7）极化方式。极化是描述电磁波场强矢量空间指向的一个辐射特性，当没有特别说明时，通常以电场矢量的空间指向作为电磁波的极化方向，而且是指在该天线的最大辐射方向上的电场矢量。

电场矢量在空间的取向在任何时间都保持不变的电磁波叫直线极化波，有时以地面做参考，将电场矢量方向与地面平行的波叫水平极化波，与地面垂直的波叫垂直极化波。

不同频段的电磁波适合采用不同的极化方式进行传播，移动通信系统通常采用垂直极化。

CDMA 2000 天线的极化方式有单极化天线（图 4-11）、双极化天线（图 4-12）两种，其本质都是线极化方式。双极化天线利用极化分集来减少移动通信系统中多径衰落的影响，

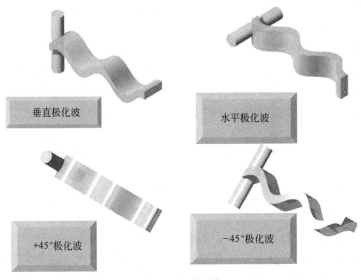

图 4-11 单极化天线

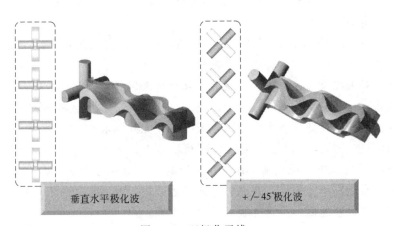

图 4-12 双极化天线

提高基站接收信号质量的，通常有 0°/90°、45°/−45°两种。对于 UHF 频段，水平极化波的传播效果不如垂直极化，因此目前很少采用 0°/90°的交叉极化天线。

（8）下倾（Downtilt）。从天线的垂直面方向对比图（图 4-13）可见，其最大的辐射方向为和天线垂直的平面上，而一般天线安装在高于地面几十米的塔或楼顶上，为使波束指向朝向地面，同时尽量减少对相邻小区的干扰，需要天线下倾。

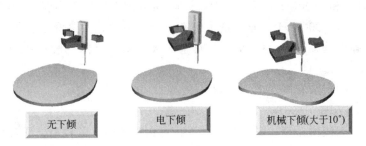

图 4-13 垂直面方向对比图

通常天线的下倾方式有机械下倾、预制电下倾和可调电下倾（电调天线）三种方式。

机械下倾是通过调节天线支架将天线压低到相应位置来设置下倾角。

而电下倾是通过改变天线振子的相位来控制下倾角，预制电下倾天线的下倾角出厂后不可调整，可调电下倾天线则没有这种限制。可调电下倾分为远端可调电下倾（RET）和手动可调电下倾（MET）两种，对于 RET，基站侧需要支持该种方式的软件。

当然在采用电下倾角的同时也可以结合机械下倾一起进行。

（9）电压驻波比（VSWR）。VSWR 在移动通信蜂窝系统的基站天线中，其最大值应小于或等于 1.5。若 Z_A 表示天线的输入阻抗，Z_0 为天线的标称特性阻抗，则反射系数为

$$|\Gamma| = \frac{|Z_A - Z_0|}{|Z_A + Z_0|}, VSWR = \frac{1 + |\Gamma|}{1 - |\Gamma|}$$

式中 Z_0 为 50Ω。

天线输入阻抗与特性阻抗不一致时，产生的反射波和入射波在馈线上叠加形成驻波，其相邻电压最大值和最小值之比就是电压驻波比。电压驻波比过大，将缩短通信距离，而且反射功率将返回发射机功放部分，容易烧坏功放管，影响通信系统正常工作。

（10）端口隔离度。对于多端口天线，如双极化天线、双频段双极化天线，收发共用时端口之间的隔离度应大于 30dB。

（11）天线的尺寸和重量。为了便于天线储存、运输、安装及安全，在满足各项电气指标情况下，天线的外形尺寸应尽可能小，重量尽可能轻。

目前运营商对天线尺寸、重量、外观上的要求越来越高，因此在选择天线时，不但要关心其技术性能指标，还应关注这些非技术因素。一般市区基站天线应该选择重量轻、尺寸小、外形美观的天线，在郊区、乡镇使用的天线一般无此要求。

（12）风载荷。基站天线通常安装在高楼及铁塔上，尤其在沿海地区，常年风速较大，要求天线在风速为 36m/s 时可正常工作，在风速为 55m/s 时不被破坏。

天线本身通常能够承受强风，在风力较强的地区，天线通常是由于铁塔、抱杆等原因而遭到损坏。因此在这些地区，应选择表面积小的天线。

风载荷根据当地实际情况进行选择合适的天线。

4.2.4 天线选型中需考虑的特性

（1）天线工作频段的选型原则。选择天线是要根据使用频段来选择，为降低工程成本和采购成本，在同时满足技术指标要求的前提下，应该尽量采用宽频段（即该天线支持的频段较宽，与双频段天线不同，没有增加馈电端口）天线。如 800MHz 和 900MHz 频段的宽频段天线，1800MHz 和 1900MHz 宽频段天线。而双频天线是指一副天线同时可以支持多个频段，如 800MHz 和 1900MHz，这样的天线有 4 个馈电端口，造价也很高。

（2）天线增益的选择原则。CDMA 基站全向天线增益范围一般在：2~11dBi。规格有 2dBi、9dBi、11dBi 等。

而定向天线的增益范围一般在：3~22dBi。规格有 3dBi、8.5dBi、10dBi、13dBi、15dBi、15.5dBi、17dBi、18dBi、21dBi、22dBi 等。

低增益天线，天线增益小，覆盖范围及干扰可以得到较好的控制。通常与微基站、微蜂窝配合使用，主要用于室内覆盖及室外的补点（补盲），如大厦的背后，新的生活小区，新的专业市场等。这种天线的尺寸较小，便于安装，如在隧道口内侧可以采用八木天线等。这

种天线波束窄，定向性好。

中等增益天线，在城区适合使用中等增益，一方面这种增益天线的体积和尺寸比较适合城区使用；另一方面，在较短的覆盖半径内，由于垂直面波束宽度较大使信号更加均匀。中等增益天线在相邻扇区方向比高增益天线覆盖的信号强度更加合理。在建设初期，基站覆盖半径一般较大（1km以上），可以选择采用增益较高的定向天线。随着网络的建设，基站密度变高，覆盖半径变小，此时应该选择增益较低的定向天线，同时考虑预置下倾或电调下倾天线。

高增益天线，在进行广覆盖时通常采用此种天线。用于高速公路、铁路、隧道、狭长地形广覆盖。这种天线的波瓣宽度较窄，零点较深，因此天线挂高较高时要注意选用采用了零点填充或预置电子下倾的天线来避免覆盖近端的"塔下黑"效应。另外这种天线由于振子数量较多故而体积一般较大，安装时应注意可安装性，如有的隧道口可能就不宜安装这种天线。另外要注意风载荷。在沿海风大的地区更要注意。这种天线的成本相对也较高。

（3）天线波束宽度选择原则

① 天线波束宽度与增益之间的关系。天线是一种能量集中的装置，在某个方向辐射的增强意味着其他方向辐射的减弱。通常可以通过缩减水平面波束宽度的宽度来增强某个方向的辐射强度以提高天线增益。在天线增益一定的情况下，天线的水平半功率角与垂直半功率角成反比。

由此可知，当天线增益较小时，天线的垂直半功率角和水平半功率角通常较大；当天线增益较高时，天线的垂直半功率角和水平半功率角通常较小。

另外，天线增益取决于阵子的数量。阵子越多，增益越高，天线的孔径（天线有效接收面积）也越大。对于全向天线，增益增加3dB，天线长度增加1倍，因此全向天线通常增益不会超过11dBi，此时天线长度约3m。

② 波束宽度的选择原则。波束宽窄的选择包括水平波束宽度与垂直波束宽度的选择，而这两者又是互相关联的。选择的主要依据是具体的覆盖要求及干扰的控制。考虑到干扰控制，市区水平波束宽度不宜大于65°，90°及90°以上的天线由于其覆盖范围过大会导致存在多个导频强度相近的PN（3个以上的PN）污染。而在郊区、农村，存在多个导频强度相近的PN的概率很小，小区提供尽可能大的覆盖是规划优化考虑的主要问题，可以选择水平波束宽度为90°的天线以增强对周边地区的覆盖。

在天线增益及水平波束宽度选定后，垂直波束宽度一般来说也是确定的。但有时也会从垂直方向的覆盖要求进行考虑，如基站建在山上，而要覆盖的地区在山下的地方，就宜选用垂直波束很宽的天线进行覆盖。垂直波束宽度越窄，一般意味着天线增益越高，定向性越好，但同时天线的"塔下黑"效应会越明显，注意采取预置下倾或零点填充技术来解决零点问题。垂直波束宽度越窄，也意味着天线越长，质量越大，这时就要考虑可安装性问题，同时价格也会越贵。

一般双极化天线水平面内的最大波束宽度不大于90°。

（4）极化方式选择原则。垂直单极化天线与双极化天线的比较：从发射的角度来看，由于垂直于地面的手机更容易与垂直极化信号匹配，因此垂直单极化天线会比其他非垂直极化天线的覆盖效果要好一些。特别是在开阔的山区和平原农村就更明显。实验证明，在开阔地区的山区或平原农村，垂直极化天线的覆盖效果比双极化（±45°）天线更好。但在市区由于建筑物林立，建筑物内外的金属体很容易使极化发生旋转，因此无论是单极化还是±45°双极化天线在覆盖能力上并没有多大区别。

从接收的角度来看，由于单极化天线要用两根天线才能实现分集接收，而双极化天线只要一根就可以实现分集接收，因此单极化天线需要更多的安装空间，且在以后的维护工作方面要比双极化天线要大。至于空间分集与极化分集增益差别不大，一般空间分集增益在3.5dB左右。从天线尺寸方面来说由于双极化天线中不同极化方向的振子即使交叠在一起也可保证有足够的隔离度，因此双极化天线的尺寸不会比单极化天线更大。

45°/−45°双极化天线与0°/90°双极化天线的比较：45°/−45°方式下的所有天线子系统都可用作发射信号。而0°/90°双极化天线一般只采用垂直极化振子发射信号。经验表明若用水平极化天线发射信号要比垂直极化天线发射信号低得多。在理想的自由空间中（假定手机接收天线是垂直极化），采用垂直极化振子进行发射时要比采用45°/−45°发射时的覆盖能力要强3dB左右。但在实际应用环境中，考虑到多径传播的存在，在接收点，各种多径信号经统计平均，上述差别基本消失，各种实验也证明了此结论的正确。但在空旷平坦的平原，上述差异还存在，但具体是多少，还有待进一步实验证明。综上所述，在实际应用中，两种双极化方式的差别不大，目前市场上45°/−45°正交极化天线比较常见。

建议：在市区优先选择双极化天线。在郊区、农村优先选择单极化天线，当然也要考虑天线安装空间的问题，如果安装空间有限，无法满足安装单极化天线的空间隔离需求，则可以考虑选择双极化天线（450M网络单极化天线的空间水平隔离度要求至少达到6m才能达到好的分集接收效果，800M网络使用单极化天线时空间水平隔离度要求达到3m，1900M网络使用单极化天线的空间水平隔离度要求至少达到1.5m）。

（5）下倾方式选择原则。天线波束下倾通常有三种方法：机械下倾、电子下倾（也叫预置倾角）、电调天线（也叫可调电子下倾）。电调天线在调整天线下倾角度过程中，天线本身不动，而是通过电信号调整天线振子的相位，改变合成分量场强强度，使天线辐射能量偏离原来的零度方向。天线每个方向的场强强度同时增大或减小，从而保证了在改变倾角后，天线方向图的形状变化不大，水平半功率宽度与下倾角的大小无关。而机械天线在调整天线下倾角度时，需要通过调整天线背面支架的位置，改变天线的倾角。倾角较大时，虽然天线主瓣方向的覆盖距离有明显变化，但与天线主瓣垂直的方向的信号没有几乎改变，所以天线方向图的严重变形，水平波束宽度随着下倾角的增大而增大。预置倾角天线与电调天线的原理基本相似，只是其倾角是固定不能调整的（但仍可以通过机械下倾方法调整）。

电调天线的优点是：在下倾角度很大时，天线主瓣方向覆盖距离明显缩短，天线方向图的形状变化不大，能够降低呼损，减小干扰。而机械下倾会使方向图变形，倾角越大变形越严重，干扰不容易得到控制。如图4-14所示给出了这两种不同的调整方式下天线水平方向图的变化情况。当然这与天线垂直波束宽度有关。

除此以外，在进行网络优化、管理和维护时，若需要调整天线下倾角度，使用电调天线时整个系统不需要关机，这样就可利用移动通信专用测试设备，监测天线倾角调整，保证天线下倾角度为最佳值。电调天线安装好后，在调整天线倾角时，维护人员不必爬到天线安放处，可以在地面调整天线下倾角度，还可以对高山上、边远地区的基站天线实行远程监控调整。而调整机械天线下倾角度时，要关闭该小区，不能在调整天线倾角的同时进行监测，机械天线的下倾角度是通过计算机模拟分析软件计算的理论值，同实际最佳下倾角度有一定的偏差。另外机械天线调整天线下倾角度不方便，有些天线安装后，再进行调整非常困难，如山顶、特殊楼房处的天线。另外，一般电调天线的三阶互调指标也优于机械天线。而三阶互调指标对消除邻频干扰和杂散干扰非常重要，特别在基站站距小、载频多的高话务密度区，需要三阶互调指标达到−150dBc左右，否则就会产生较大的干扰。

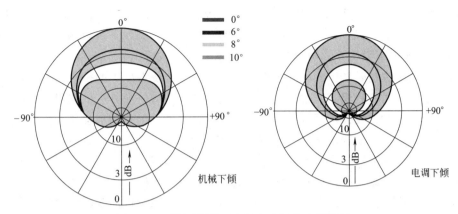

图 4-14 不同下倾角时水平方向图的变化情况

　　CDMA 对干扰和噪声十分敏感，移动台在某一点接收到超过 3 个以上电平相近的扇区信号就将导致 PN 污染，导致小区容量的降低。因此在市区选择天线时要优先考虑选择电子下倾天线。考虑到目前电调天线价格昂贵、质量尚不稳定，可以优先选择预置下倾天线。

　　（6）前后比的选择原则。一般天线的前后比在 22dB 左右，但有时在规划及优化时这一前后比往往不能满足要求，而需要具有更高前后比天线。在站址密集的场合下，后瓣过大容易产生 PN 污染干扰，从而影响网络质量。前后比大于 35dB 天线为高前后比天线，增益、波束宽度的规格与普通定向天线一样。高前后比天线采用对数周期偶极子单元组阵而成，因此从外形上看，这种天线比较厚，但比较窄。两副高前后比天线的价格比一副相同增益和波束宽度的双极化天线高出 35％。

　　（7）天线尺寸的选择原则。天线尺寸的选用主要是从安装角度来考虑的，在某些安装条件受限的区域，如在进行铁路隧道覆盖规划时，这条因素是很重要的，甚至成为天线可选与否的决定因素。

　　首先天线的尺寸与各个厂家的工艺水平有关，由此造成在其他各种指标都相同的条件下不同厂家的天线尺寸不同的情况。

　　其次天线的尺寸主要与天线的增益有关，增益越大的天线所需的振子数量越多，一般就表现在天线长度的增加上。

　　（8）天线阻抗的选择原则。合路器的输入阻抗为 50Ω，要减小天线驻波比，天线的特性阻抗要与其匹配，即等于 50Ω。一般天线的特性阻抗均满足此要求，但在选择、认证新天线时需要关注该项指标。

　　（9）电子下倾天线和机械下倾天线成本分析。对于电子下倾和机械下倾天线的选择，需要从天线、网络性能和成本两方面考虑。从成本的角度看，涉及到天线本身的成本以及后期的维护成本。

　　通常性能相近的天线，电子下倾要比机械下倾的贵，不同天线供应商的产品价格也相差较大，国内供应商的天线价格相对较低，如安捷信、中山通宇、西安海天。国外供应商要贵一些，如 Kathrein、ALLGON。不同类型的电子下倾天线价格差异也较大，如固定电子下倾天线中固定的电下倾角度不同价格也不同，手动电子下倾天线的下倾手动调整角度范围不同价格差异也较大。

　　波束赋形（包括上第一副瓣抑制和下第一零点填充）本身不增加成本，主要是市场需求和天线供应商的技术开发策略，因为 CDMA 对赋形技术要求不多，赋形技术对天线的增益有一定的影响，因此有的厂家开发赋形（如 POWERWAVE），有的厂家采用普通馈电网络，不做赋形（如 Kathrein）。目前统计的天线价格系数大概如下（仅考虑天线和 RCU 分开的形式）：固定电下倾：手动可调电下倾：远控电调（仅含 RCU）＝1∶1.5∶2.5。

网络规划天线选型时具体的天线价格以最新版本天线优选库中的价格为准。在满足项目要求的前提下，天线参数相同时选择优先级高的国产天线（例如具有价格优势的国产天线），对于某些项目客户对天线指标要求太高的（如全部要求使用国外的远程遥控电子下倾天线），需要进行适当引导，尽量选用国产的电调天线或者固定电子下倾天线。

当无线网络进入维护阶段，为提高无线网络性能，需要经常调整天线的下倾角和方位角。如果使用机械下倾天线，调整下倾角时就需要靠近天线操作，这就涉及到天线工的人工成本，天线工的成本根据不同地方的人工成本有所差异。同时也涉及到物业的问题，通常天线安装在楼顶或铁塔上，是否能够顺利进入天面来操作天线也需要考虑。

电下倾的天线也有多种类型：①有的需要直接在天线上操作，通过旋钮调整天线电子倾角，需要天线工操作。②有的可以在机房内部通过馈线避雷器接口等进行调整，不需要天线工。③有的可以在远端通过遥控设备直接调整天线的下倾角，不需要天线工。④有的电子下倾角度是固定的，无法调整，只能调整机械下倾角。当使用如上的第 2 和 3 种电可调天线，在调整下倾角时，若下倾角调整值在电子倾角可调范围内，则只需要在机房内部或者远端进行操作，节省了天线工的人工成本。如果需要调整的倾角角度超出了电子可调的范围，则仍需天线工靠近天线操作调整机械倾角。

对于 1、4 两种，即手动电子下倾和固定电子下倾这两种天线，调整天线下倾角时同样需要天线工在天线上操作。与机械下倾天线相比较维护成本没有区别，都需要天线工来操作，无法节省天线工的人工成本。

4.2.5　不同应用环境下的基站天线选型

（1）话务量高密集市区。极化方式选择：由于市区基站站址选择困难，天线安装空间受限，建议选用双极化天线。

水平波束宽度的选择：为了能更好地控制小区的覆盖范围来抑制干扰，市区 3 扇区基站天线水平波束宽度建议选择 60°～65°的定向天线。在天线增益及水平波束宽度度选定后，垂直波束宽度也就确定了。

天线增益的选择：由于市区基站一般不要求大范围的覆盖距离，因此建议选用中等增益的天线。同时天线的体积和重量可以减小，有利于安装和降低成本。根据目前天线型号，建议市区天线增益视基站疏密程度及城区建筑物结构等选用 13～16dBi 增益的天线。市区微蜂窝天线增益可选择如 10～12dBi 的天线或更低。

预置下倾角及零点填充的选择：市区天线一般都要设置一定的下倾角，因此为增大以后的下倾角调整范围，可以选择具有预制下倾角的天线（建议选 3°～6°）或电调天线。由于市区基站覆盖距离较小，零点填充特性可以不考虑。

下倾角调整范围选择：要求天线支架的机械调节范围在 0°～15°。

上副瓣抑制比选择：在城市内，为了减小越区干扰，有时需要设置很大的下倾角，而当下倾角的设置超过了垂直面半功率波束宽度的一半时，需要考虑上副瓣的影响。所以建议在城区选择第一上副瓣抑制的赋形技术天线，但是这种天线通常无固定电子下倾角。

根据天线高度、基站覆盖距离，可由下式计算出天线倾角（图 4-15）公式：

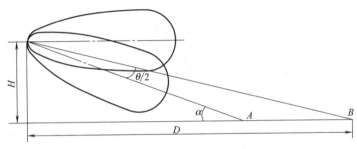

图 4-15 天线倾角计算图

$$\alpha = \text{arctg}(H/D) + \theta/2$$

式中，α 为波束倾角；H 为天线高度；D 为覆盖距离；θ 为垂直半功率角。

对话务量高密集区，基站间距离 300～500m，计算得出 α 大约在 10°～19°之间。采用内置电下倾 9°的＋45°双极化水平半功率瓣宽 65°定向天线。再加上机械可变 15°的倾角，可以保证方向图水平半功率宽度在主瓣下倾 10°～19°内无变化。经使用证明完全可满足对高密集市区覆盖且不干扰的要求。

（2）县城及城镇地区。话务量不大，主要考虑覆盖大的要求，基站间距很大，可以选用单极化，空间分集，增益较高的（17dBi）、水平波束宽 65°定向天线（三扇区），或（17dBi）、水平波束宽 90°定向天线（双扇区）。

（3）乡镇地区。话务量很小，主要考虑覆盖，基站大都为全向站，天线可选高增益全向天线。根据基站架设高度，可选择主波束下倾 3°、5°、7°的全向天线。

极化方式选择：建议选择垂直极化天线。

水平波束宽度选择：如果要求基站覆盖周围的区域，且没有明显的方向性，基站周围话务分布比较分散，此时建议采用全向基站。全向基站由于天线增益小，覆盖距离不如定向基站远。同时全向天线在安装时要注意塔体对覆盖的影响，并且天线一定要与地平面保持垂直。如果运营商对基站的覆盖距离有更远的要求，则应该选择定向天线。农村环境的定向天线建议选择 90°的定向天线；在某些基站周围需要覆盖的区域呈现很明显的形状，可选地形匹配波束天线进行覆盖。

天线增益的选择：视覆盖要求选择天线增益，建议在农村地区选择较高增益（16～18dBi）的定向天线或 11dBi 的全向天线。

预置下倾角及零点填充的选择：由于预置下倾角会影响到基站的覆盖能力，所以在农村这种以覆盖为主的地方建议选用不带预置下倾角的天线。但天线挂高在 50m 以上且近端有覆盖要求时，可以优先选用零点填充（大于 15%）的天线来避免塔下黑问题。

下倾方式的选择：在农村地区对天线的下倾调整不多，其下倾角的调整范围及特性要求不高，建议只采用机械下倾方式。

对于定向站型推荐选择：半功率波束宽度 90°/中、高增益/单极化空间分集/机械下倾。是否需要零点填充根据需要而定。

对于全向站型推荐：零点填充的天线；若覆盖距离不要求很远且天线很高，可以采用电下倾（3°或 5°）。天线相对主要覆盖区挂高不大于 50m 时，可以使用普通天线。

另外，对全向站还可以考虑双发天线配置以减小塔体对覆盖的影响。此时需要通过功分器把发射信号分配到两个天线上。

（4）室内分布系统的天线选型。室内分布系统的天线选型主要根据下面两个原则：

① 既要满足要求的室内覆盖效果，又要尽量减少对室外的覆盖，避免造成干扰；

② 天线要求美观，形状、颜色、尺寸和室内的环境要和谐。

室内分布系统的天线大部分都是小增益天线，主要有以下几种。

① 吸顶天线。吸顶天线是一种全向天线，主要安装在房间、大厅、走廊等场所的天花板上。吸顶天线的增益一般为 $2\sim5$dBi，天线的水平波瓣宽度为 $360°$，垂直波瓣宽度为 $65°$ 左右。

吸顶天线增益小，外形美观，且安装在天花板上，室内场强分布比较均匀，在室内天线选择时应优先采用。吸顶天线应尽量安装在室内天花板的正中间，避免安装在窗户、大门等这类比较信号容易泄漏到室外的开口旁边。

② 壁挂板状天线。壁挂板状天线是一种定向天线，主要安装在房间、大厅、走廊等场所的墙壁上。壁挂天线的增益比吸顶天线要高，一般为 $6\sim10$dBi，天线的水平波瓣宽度有 $65°$、$45°$等多种，垂直波瓣宽度在 $70°$左右。

壁挂板状天线的增益较大，外形美观，用在一些比较狭长的室内，天线安装时前方较近区域不能有物体遮挡，且不要正对窗户、大门等信号比较容易泄漏到室外的开口。

③ 八木天线。八木天线是一种增益较高的定向天线，主要用于解决电梯的信号覆盖。八木天线的增益一般为 $9\sim14$dBi。

④ 泄漏电缆。泄漏电缆也可以看成是一种天线，通过在电缆外导体上的一系列开口把信号沿电缆纵向均匀地发射出去和接收回来，适用于隧道、地铁等地方。

⑤ 其他天线。其他的一些室内天线包括小增益的螺旋、杆状天线等，增益一般都在 $2\sim3$dBi。这些天线由于安装后外观不是很好看，用得较少。

4.3　无线电波的传播方式

移动通信来中电波传播的方式主要是空间波，即直射波、折射波、绕射波、散射波以及它们的合成波。

（1）直射波。电波传播过程中没有遇到任何的障碍物，直接到达接收端的电波，称为直射波。直射波更多出现于理想的电波传播环境中。

（2）反射波。电波在传播过程中遇到比自身的波长大得多的物体时，会在物体表面发生反射，形成反射波。反射常发生于地表、建筑物的墙壁表面等。

（3）绕射波。电波在传播过程中被尖利的边缘阻挡时，会由阻挡表面产生二次波，二次波能够散布于空间，甚至到达阻挡体的背面，那些到达阻挡体背面的电波就称为绕射波。由于地球表面的弯曲性和地表物体的密集性，绕射波在电波传播过程中起到了重要作用。

（4）散射波。电波在传播过程中遇到障碍物表面粗糙或者体积小但数目多时，会在其表面发生散射，形成散射波。散射波可能散布于许多方向，因而电波的能量也会被分散于多个方向。

4.4 衰落

由于移动通信中，移动台接收的信号一般是直射波、折射波、绕射波、散射波的叠加，如图 4-16 所示，移动台处在运动之中，电波传播的条件也会随移动发生较大的变化，导致其接收信号强度也会起伏不定，最大可相差 20dB 甚至 30dB，这种现象就是衰落。

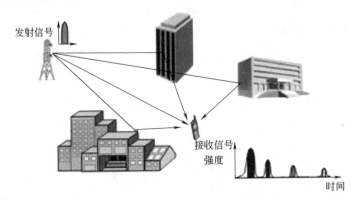

图 4-16 移动台接收的信号衰落示意图

1）慢衰落

当电波在传播路径上遇到起伏地形、建筑物、植被（高大的树林）等障碍物的阻挡时，会产生电磁场的阴影。移动台在运动中通过不同障碍物的阴影时，就构成接收天线处场强中值的变化，从而引起衰落，称为阴影衰落。由于这种衰落的变化速率较慢，又称为慢衰落。

慢衰落速率主要决定于传播环境，即移动台周围地形，包括山丘起伏、建筑物的分布与高度、街道走向、基站天线的位置与高度、移动台行进速度等，而与频率无关。

慢衰落的深度，即接收信号局部中值电平变化的幅度取决于信号频率与障碍物状况。频率较高的信号比频率较低的信号容易穿透建筑物，而频率较低的信号比频率较高的信号更具有较强的绕射能力。

慢衰落的特性是与环境特征密切相关的，可用电场实测的方法找出其统计规律。慢衰落一般具有对数正态分布的统计特性。

2）多径衰落

传播过程中会遇到各种建筑物、树木、植被以及起伏的地形，这些障碍物不但会产生电磁场的阴影，还会引起电波的反射、绕射、散射等，这样，到达移动台天线的信号就不是单一路径来的，而是许多路径来的众多反射波的合成，这称为多径传播。由于电波通过各个路径的距离不同，因而各条电波到达的时间不同，相位也就不同。不同相位的多个信号在接收端叠加，有时会因同相叠加而增强，有时会因反相叠加而减弱。这样，接收信号的幅度将急剧变化，即产生了衰落。这种衰落是由于多径现象引起的，因此称为多径衰落。多径衰落时接收信号强度随机变化较快，具有几秒或几分钟的短衰落周期，又称快衰落，具有莱斯分布或瑞利分布的统计特性。当发射机和接收机之间有视距路径时一般服从莱斯分布，无视距路径时一般服从瑞利分布。

对于数字移动通信系统来说，多径效应引起脉冲信号的时延扩展，时延扩展将引起码间串扰，严重影响数字信号的传输质量。时延扩展随环境、地形和地物的状况而不同，一般与频率无关。

3）衰落信号的特征量

对衰落信号的研究通常采用统计分析法，即先测得各个不同时刻的实际信号电平，掌握衰落信号的瞬时分布图，然后对图中的瞬时分布曲线进行统计分析，得到描述信号特征的一些特征量。工程实用中，常常用一些特征量表示衰落信号的幅度特点。

（1）场强中值。具有 50％概率的场强值称为场强中值，即场强值高于规定电平值的持续时间占统计时间的一半时，所规定的电平值为场强中值。接收机收到信号的场强中值等于接收机最低门限值时通信可通率为 50％，即只有 50％的时间能维持正常通信。所以，为了保证在绝大多数时间内正常通信，接收机收到信号的场强中值要远远大于接收机最低门限值，如图 4-17 所示。

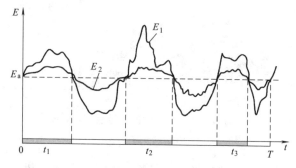

图 4-17　场强中值

（2）衰落率。衰落率用来描述衰落的频繁程度，即接收信号场强变化的快慢。

（3）衰落深度。衰落深度表示衰落的严重程度，用接收电平与场强中值电平之差表示，一般移动通信系统中，衰落深度可达 $20\sim30$dB。

（4）衰落持续时间。衰落持续时间定义为场强低于某一给定电平值的持续时间，用于表示信息传输受影响的程度，也可用于判断信令误码的长度。当接收场强中值低于接收机最低门限值时间较长时，将引起突发差错。

复杂、恶劣的传播条件是移动信道的特征，这是由在运动中进行无线通信这一方式本身所决定的。对于移动通信来说，恶劣的信道特性是不可回避的问题。要在这样的传播条件下保持可以接收的传输质量，就必须采用各种技术措施来抵消衰落的不利影响，这就是各种抗衰落技术，比如分集技术、扩频技术等。另外，信号传输方式，如调制方式、交织和纠错编码，对信道中的衰落也要有一定的适应能力。

4.5　无线电波的传播模型

传播模型用于计算或估算无线电波的传播损耗。

1）无线电波在自由空间的传播

无线电波在自由空间的传播是电波传播研究中最基本、最简单的一种。自由空间是满足下述条件的一种理想空间：①均匀无损耗的无限大空间；②各项同性；③电导率为零。应用电磁场理论可以推出，在自由空间传播条件下，传输损耗 L_s 的表达式为：

$$L_s=32.45+20\lg f+20\lg d$$

式中，f 为工作频率，MHz；d 为移动台到基站的距离，km。

自由空间基本传输损耗 L_s 仅与频率 f 和距离 d 有关。当 f 和 d 扩大1倍时，L_s 均增加6dB，由此可知GSM 1800基站传播损耗在自由空间就比GSM900基站大6dB。

2）仅考虑从基站至移动台的直射波以及地面反射波的两径模型是最简单的传播模型

陆地移动信道的主要特征是多径传播，实际多径传播环境是十分复杂的，在研究传播问题时往往将其简化，并且是从最简单的情况入手。仅考虑从基站至移动台的直射波以及地面反射波的两径模型是最简单的传播模型。两径模型如图4-18所示，应用电磁场理论可以推出，传输损耗 L_p 的表达式为：

$$L_p = 20\lg(d^2/(h_1 \times h_2))$$

由于移动环境的复杂性和多变性，要对接收信号的中值进行准确计算是相当困难的。无线通信工程上的做法是，在大量场强测试的基础上，经过对数据的分析与统计处理，找出各种地形地物下的传播损耗（或接收信号场强）与距离、频率以及天线高度的关系，给出传播特性的各种图表和计算公式，建立传播预测模型，从而能用较简单的方法预测接收信号的中值。

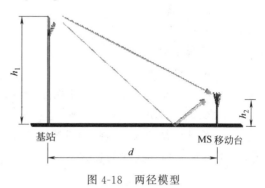

图4-18 两径模型

在移动通信领域，已建立了许多场强预测模型，它们是根据在各种地形地物环境中实测数据总结出来的，各有特点，能用于不同的场合，模型有很多种，限于篇幅，以下就介绍一种：Okumura-Hata模型，其他的模型也一样都是复杂的公式和图表。

3）Okumura-Hata模型

适用条件。

频率为 150～1500MHz；

基站天线有效高度 为 30～200m；

移动台天线高度 为 1～10m；

通信距离为 1～35km；

市区，郊区，乡村公路，开阔区和林区等准平坦地形上的基本传输损耗按下列公式分别预测。

$L(市区) = 69.55 + 26.16\lg f - 13.82\lg h_1 + (44.9 - 6.55\lg h_1)\lg d - a(h_2) - s(a)$

$L(郊区) = 64.15 + 26.16\lg f - 2[\lg(f/28)]^2 - 13.82\lg h_1 + (44.9 - 6.55\lg h_1)\lg d - a(h_2)$

$L(乡村公路) = 46.38 + 35.33\lg f - [\lg(f/28)]^2 - 2.39(\lg f)^2 - 13.82\lg h_1 + (44.9 - 6.55\lg h_1)\lg d - a(h_2)$

$L(开阔区) = 28.61 + 44.49\lg f - 4.87(\lg f)^2 - 13.82\lg h_1 + (44.9 - 6.55\lg h_1)\lg d - a(h_2)$

$L(林区) = 69.55 + 26.16\lg f - 13.82\lg h_1 + (44.9 - 6.55\lg h_1)\lg d - a(h_2)$

式中，f 为工作频率，MHz；h_1 为基站天线高度，m；h_2 为移动台天线高度，m；d 为到基站的距离，km；$a(h_2)$ 为移动台天线高度增益因子，dB；$a(h_2) = (1.1\lg f - 0.7)$

$h_2 - 1.56\lg f + 0.8$（中，小城市）$= 3.2\left[\lg(11.75h_2)\right]^2 - 4.97$（大城市）；$s(a)$ 为市区建筑物密度修正因子，dB；$s(a) = 30 - 25\lg a$（$5\% < a \leqslant 50\%$）$= 20 + 0.19\lg a - 15.6$ $(\lg a)^2$（$1\% < a \leqslant 5\%$）$= 20$（$a \leqslant 1\%$）a 为建筑物密度。

　　模型表达了损耗与电波环境（市区，郊区，乡村公路，开阔区和林区，建筑物密度等）、天线高度、距离 d 及频率 f 的关系，模型在规划阶段链路预算时需要。

思考题

一、多选选择题

1. 天线的下倾方式分为（　　　）。
　　A. 机械下倾　　　　　　　　　　　B. 固定电子下倾
　　C. 可调电子下倾　　　　　　　　　D. 机械和固定电子下倾
2. 下列影响天线水平空间分集增益的因素是（　　　）。
　　A. 天线高度 h　　　　　　　　　　B. 两天线间距
　　C. 移动台与两天线连线中垂线的夹角 α　　　D. 所用天线的数量
3. 下面用来描述天线的参数是（　　　）。
　　A. 增益　　　　　　　　　　　　　B. 水平半功率角和垂直半功率角
　　C. 前后比　　　　　　　　　　　　D. 第一零点填充
4. 关于天线增益的单位，以下说法中正确的是（　　　）。
　　A. dBi 和 dBd 都可以用作天线增益的单位
　　B. dB 也可以作为天线增益的单位
　　C. 假设天线增益为 10dBi，可以表达为 12.15dBd
　　D. 假设天线增益为 10dBd，可以表达为 12.15dBi

二、判断题

1. 频段越低，一般来说对应天线尺寸越小。（　　　）
2. 八木天线具有较好的方向性。（　　　）
3. 机械下倾天线在下倾角达到 10° 之前，不会出现波瓣变化。（　　　）
4. 0dBd 的天线增益可以表示为 2.15dBi。（　　　）
5. 全向天线的水平波瓣角是 360°。（　　　）
6. 全向天线的垂直波瓣角是 360°。（　　　）
7. 馈线的损耗和频率有关，同样大小的馈线，频率越高损耗越大。（　　　）
8. 八木天线的方向性很好，常用于室内分布系统中电梯的覆盖。（　　　）
9. 单极化天线和双极化天线只有极化方式的区别，一个扇区都需要两根天线。（　　　）

三、填空题

1. dBm 是用于表示功率的单位，0dBm 相当于（　　　），计算公式为（　　　）。
2. dB 用于表征功率的相对比值，计算甲功率相对乙功率大或小（　　　）dB 时，按计算公式（　　　）。
3. CDMA 移动通信系统中 PN 长码的长度是（　　　）；PN 短码的长度是（　　　）。
4. 假设基站的发射功率为 27dBm，换算成 W，对应是（　　　）W。
5. 理论上，基站天线的空间分集对天线安装距离的要求是（　　　）。

6.一般要求天线的驻波比小于（　　　　）。

7.天线增益一般常用 dBd 和 dBi 两种单位，两者有一个固定的 dB 差值，即 0dBd 等于（　　　）dBi。

8.天线在通信系统中使用较多的两种极化方式为：（　　　）和（　　　）。

9.10dBm＋10dB＝（　　　）dBm。

10.天线的无线电性能参数主要包括（举出 5 个）（　　　）、（　　　）、（　　　）、（　　　）和（　　　）。

四、简答题

1.天线的作用是什么？

2.简述半波振子的定义。

3.如何定义天线的极化方向？

4.通常移动通信系统采用单极化天线的极化方向是什么方向？双极化天线的极化方式为什么方式？

5.天线的分类是什么？

6.天线的主要电气指标是什么？

7.天线增益的单位有哪两个？它们的关系是什么？如何理解天线增益与功放增益的不同。

8.通常采用什么来描述天线的方向性？天线的发射和接收方向性是否相同？

9.比较半波振子和全向天线的方位图有什么区别？

10.全向天线是不是在空间所有方向上的辐射特性都是一样的？如果不是，又如何理解全向天线的"全向"的含义？

11.半波振子在最大辐射方向（接收方向）上的增益是多少？

12.简述零点填充、半功率角、主瓣、旁瓣等概念。

13.当基站铁塔较高时，基站铁塔下面的信号不好的现象叫什么？在天线电气指标中，哪项指标用于克服这一现象？

14.天线的前后比的定义是什么？

15.天线波束宽度的定义是什么？一般工程上使用的天线的水平波瓣宽度和垂直波瓣宽度大致范围为多少？天线的水平波瓣宽度和垂直波瓣宽度之间的定性关系是什么？

16.电下倾天线有哪两种？电下倾天线的优点是什么？

17.反射系数、回波损耗、驻波比是用来反映天馈系统的什么性能的？在工程上，天馈系统驻波比差的可能原因是什么？

18.天线驻波比的范围是多少？

19.市区、郊区、农村、公路、隧道、室内对于天线选择有何要求？

20.说明天线高度、方向角和下倾角对网络性能的影响。

第5章 CDMA系统的无线网络规划

5.1 无线网络规划概述

网络规划，就是根据建网目标和网络演进需要，结合成本要求，选择合适的网元设备进行规划，最终输出网元数目、网元配置，确定网元间的连接方式，为下一步的工程实施提供依据。

CDMA 2000 网络规划包含无线、传输和核心网三大部分，其中以无线网络规划最为困难和重要，无线网络规划的结果将直接影响传输和核心网的规划。

无线网络规划是指按照实际需求为移动通信系统中的各小区单元分配合理的资源（频率资源、收发信机资源等），以适当的覆盖、容量提供满足各业务质量要求的无线网络服务，并可以满足未来一段时间内的发展需求，而设计确定建设方案，用以指导工程建设施工。就是根据网络建设的整体要求，设计无线网络覆盖目标，以及为实现该目标所进行的基站位置和配置的设计，以指导工程建设。

前期的无线网络规划在很大程度上决定了网络的基本结构，对后期网络建设和服务质量起着决定性的作用，也是将来网络发展的基础。CDMA 2000 发展的如何，网络的质量是关键。没有一个质量良好的网络做支撑，再好的业务也无法实现或无法更好地实现。CDMA 2000 无线网络规划可以说是实现高质量移动网络的重要手段之一。

5.1.1 对 CDMA 2000 规划有影响的系统特点

CDMA 2000 具有以下特点。

（1）CDMA 2000 系统的频率复用系数为 1，通过扰码以及正交码字来区分小区和用户。

（2）CDMA 2000 系统是干扰受限系统，其覆盖不仅取决于最大发射功率，而且与系统负荷有关。

（3）CDMA 2000 系统中，发射机发射功率和小区容量之间的对应关系是渐近式的。

（4）CDMA 2000 系统的覆盖和容量之间存在动态平衡关系，其明显的特征就是存在"呼吸效应"。因此，必须要综合考虑，在两者之间取得平衡。

（5）CDMA 2000 系统中，功率资源是非常有限的。在 CDMA 2000 系统中，导频污染也是影响网络性能的一项重要因素。

（6）CDMA 2000 系统的上下行链路需要独立分析，因为它们具有不同的链路特性。

（7）CDMA 2000 系统需要支持多种平台的用户终端，在不同的服务等级质量要求下，可以支持可变速率的数据业务。

这些特点决定了 CDMA 2000 系统的无线网络规划有其特殊性，不能照搬 GSM 的规划方法。

5.1.2 无线网络规划目标

无线规划目标包含覆盖目标、容量目标、成本目标和质量目标 4 个方面内容。通常把这 4 个关注点：覆盖（Coverage）、容量（Capacity）、成本（Cost）和质量（Quality）简称为 3C1Q。其中，首先要关注的是覆盖，其次才是容量、成本和质量。所以，无线网络规划的目标就是在满足运营商基本要求的前提下，达到容量、覆盖、质量以及成本的平衡，实现最优化设计。

覆盖目标就是在服务区内，最大程度地达到在时间和地点上的无线网络覆盖。用于描述覆盖目标的指标主要有覆盖率、通信成功概率和软切换率。

容量目标描述的是在系统建成后所能满足的语音用户数和数据用户数。无线网络的容量主要受干扰和频率资源的限制。通过合理的参数规划（切换、功控、资源管理算法等）、频率规划，尽量减少小区内和小区间的干扰，提升小区容量，最大程度地利用有限的资源。

质量目标可以通过优化设置无线参数，提升系统服务质量。

成本目标是网络建设的重要目标之一。网络规划中，在保证满足覆盖、容量和质量目标的基础上，尽量减少系统设备单元，降低建设投资成本。

在 CDMA 系统中，覆盖、容量、质量不是孤立的，而是彼此关联的：

① 设计负载增加，容量增大，干扰增加，覆盖减小（应用实例：小区呼吸）。

② 通过降低部分连接的质量要求，可以提高系统容量［应用实例：目标 BER/FER（Bit Error Rate/Frame Error Rate）值的改变，可以改变系统容量］。

③ 通过降低部分连接的质量要求，可以增加覆盖能力［应用实例：通过 AMRC 降低数据速率，可以提高 AMR（Adaptive Multi-Rate）语音用户的覆盖范围］。

④ 通过降低系统的干扰，系统的容量、质量和覆盖都可以得到提升。因此，在无线网络规划中取得 4 个指标之间的平衡，不能顾此失彼。

5.2 无线网络规划流程

无线网络规划流程包括 5 步，如图 5-1 所示。

（1）规划准备。

（2）无线网络初规划。

（3）站址选取。

（4）无线网络详细规划。

（5）编写规划/设计文本。

5.2.1 规划准备

规划准备分为网络发展规划和相关数据收集两部分，是无线网络规划的前提，即调研阶段。

1）网络发展规划数据

（1）移动通信市场发展预测。了解移动通信市

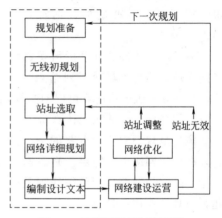

图 5-1 无线网络规划流程图

场现状，预测未来的发展趋势，包括用户数和业务发展，以及提出建设单位的市场发展目标。

（2）覆盖目标。不同地区、环境的覆盖目标，做好覆盖、容量、质量和经济成本之间的平衡。明确网络的覆盖深度要求、覆盖面积、覆盖地区、覆盖用户以及有效覆盖率。

（3）容量目标、质量目标、成本目标。

（4）市场定位。

（5）建网思路及原则。

2）相关数据

（1）运营商现有的可用资源。包括机房、铁塔、传输、电源、配套和人力等资源。

（2）竞争对手移动网络现状。其他运营商网络的覆盖、容量和质量；其他运营商的用户数、用户增长情况、用户使用业务情况、用户资费水平、最稳定的用户群、不稳定的用户群等信息，进行市场需求分析。

（3）地区/人口/经济。地区的面积，人口的分布，各地区的经济发展水平，交通干线，旅游景点，宾馆酒店，购物娱乐场所，特殊建筑物。

（4）与容量相关数据。各区域业务类型、业务密度、话务分布情况等。

（5）与覆盖相关数据。覆盖地区、区域类型、传播条件等信息。

（6）话务模型。

（7）厂家设备及系统参数。

（8）准备勘察测试工具。

（9）编制调研表、基站勘察表、基站选址要求。确定实施步骤、估算工作量、确定人员及分工、工作进度安排。

5.2.2 无线网络初规划

在初规划阶段，需要达到的目标是给出预测的基站数量和配置。通常的做法是从覆盖与容量两方面进行综合考虑。首先通过无线链路预算结合传播模型，得到每种待规划业务的覆盖半径，再由待覆盖面积计算所需站点数；然后根据语音与数据业务的等效处理模型，结合各自的业务模型，将各种业务折合成某种虚拟的等效业务，从而得出为了支持所给业务容量所需的站点数，如图 5-2 所示。

取覆盖与容量两方面需求的最大者，即可对网络的规模有初步的认知。但该结果在很大程度上是不准确的，估算过程中诸多参数的取值差异会导致输出结果的较大差异性。

为了进一步确认和分析预规划阶段给出的基站数目和相应配置的无线网络性能，需要通过网络规划仿真工具对规划结果进行评估。通过仿真工具，可以有效地模拟现实网络的性能，如图 5-3 所示。仿真可以对规模估算的结论加以验证，通过物理调整和参数调整，使得网络性能最优化，并输出仿真报告，指导后期的网络建设和优化。

仿真是规划中比较重要的一个阶段，可以认为是最早的优化。在仿真中表现出来的问题，在现实网络中肯定会出现。对于 CDMA 这样的复杂系统，影响因素众多且相互耦合，理论上的容量覆盖预测值往往误差较大，也就是说仿真并不能反映出实际网络中的所有问题，仿真的作用也是有限的。

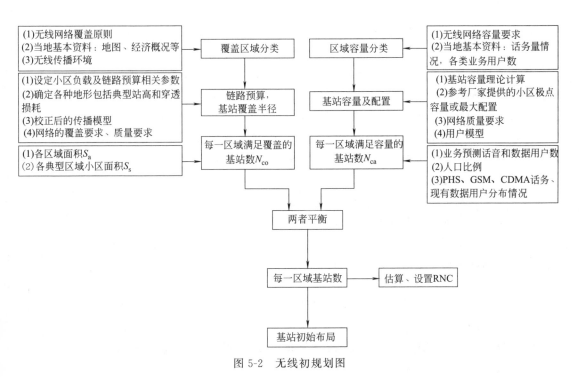

图 5-2　无线初规划图

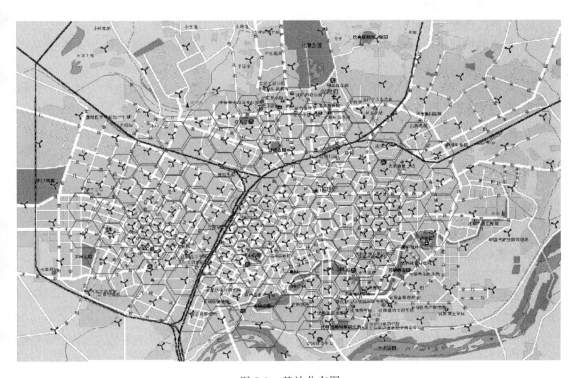

图 5-3　基站分布图

5.2.3　站址选择

在完成了仿真之后，需要对规划的站址进行现场勘测，选择合适的建筑物作为最终的实施站址。

基站的选址是无线网规划设计的关键。基站设置的合理性关系到无线网络运营的实际效果、设备利用率及投产后的社会效益及经济效益。

1）选址获取信息

（1）初步确定基站相关信息。初步确定站点具体地理位置、站点坐标、天线类型、天线方位角、天线下倾角、天线高度、机房所在楼层、机房面积、是否共站、天面安装天线条件、电缆大致长度等信息。

（2）机房、铁塔、施工的可行性。

（3）基站周围人口及建筑分布情况。

（4）视距范围内其他基站距离，包括本建设单位基站和其他基站。

（5）建站的传输、电源等配套可行性情况。

2）站点选址原则

① 站址应尽量选择在规则蜂窝网孔中规定的理想位置，其偏差不应大于基站区半径的1/4，以便以后的小区分裂。

② 基站的疏密布置应对应于话务密度分布；避免设在大功率无线电发射台、雷达站或其他强干扰附近。

③ 站址应位于交通方便、市电可靠。

④ 在市区楼群中选址时，应避免天线附近有高大建筑物阻挡情况。

⑤ 在建网初期设站较少时，选择的站址应保证重要用户和用户密度大的市区有良好的覆盖。

⑥ 在不影响基站布局前提下，应尽量选择现有客户机房/楼、已有站点作为站址，并利用其机房、电源及铁塔等设施。

⑦ 提供良好的覆盖，保证为服务区域提供统一的、连续的覆盖。

⑧ 通常的约定是，对覆盖的可靠性要求满足以下条件：90％的时间内保证90％以上区域的覆盖；利用最少的花费，实现覆盖目标。

⑨ 必须考虑到将来的网络发展、小区分裂的可能性。

⑩ 尽量减少对其他基站或手机的干扰，同时减少可能由其他基站或手机来的干扰。

3）站点选择需考虑的关键因素

被覆盖区域的话务密度。

基站尽可能设置在话务热点地区，话务稀少区域可作为切换区。

地形的变化，树木或水域。

街道的布局，建筑物，以及其他障碍物。

尽可能利用现有的资源（如现有站点机房、接入网机房等），以节省投资，加快工程进度。

4）基站选择的方法

（1）按照覆盖和容量要求筛选

（a）重点覆盖区必须选站点。

（b）中心城区主要干道必须选站点。

（c）在"重点"站点选择之后，完成"次要"覆盖区大面积连续覆盖。

（2）按照基站周围环境筛选

（a）站点的位置要足够高。

（b）站点的位置不能过高。

（c）相邻两个站点的高度差不能过大。

（3）按照基站无线环境筛选

（a）避免在大功率无线电台、雷达站、卫星地面站等强干扰源附近选站。

（b）与异系统共站址，通常要采取隔离。

（c）避免在涉及国家安全的部门附近选站。

（4）按照基站现有资源筛选

（a）要充分参考已有的移动网络，并将其作为无线网络规划的参考模型。

（b）要充分参考现有移动网络信息，充分利用传输、电源等配套的资源。

（c）在基站选址时，选择交通方便的区域，为工程实施和日后维护提供便利。

5）站点选择的策略

① 基站的疏密布置应对应于话务密度分布。

② 避免在高山上设站。

③ 避免在树林中设站。如要设站，应保持天线高于树顶。

④ 选择机房改造费低、租金少的楼房作为站址。

⑤ 在不影响基站布局的前提下，应尽量选择现有电信枢纽楼、邮电局或微波站作为站址，并利用其机房、电源及铁塔等设施。

⑥ 在所选站址确定采用微波传输时，同时考虑其他传输方式的可行性、成本和传输性能。

⑦ 尽量不要采用农电直接供电，否则可能会因为电压不稳而导致影响基站的正常工作。

⑧ 市区两个系统的基站尽量共址或靠近选址。

6）站点选择需要规避的事项

规划网络时，切忌基站以环形布局。

近距离的遮挡对基站的覆盖范围影响很大。遮挡物的背面会出现阴影，造成覆盖盲区；遮挡物正面形成的反射信号，对系统造成不必要的干扰。

在规划网络时，避免大话务量"对象"位于基站的远端。

在规划网络时，要避免出现"站包站"的情况。

7）勘查工具

① 便携机（必备）。

② 卷尺（必备）。

③ GPS卫星接收机（必备）：利用GPS测量站点的经纬度、海拔高度等信息。

④ 激光测距仪：是为了获得基站天线挂高，天线挂高是指天线到地面的距离。在城市中，一般情况下基站是建在楼房天面上，这样就需要测量楼房的高度，以及天线到天面的高度，从而可以获得天线挂高。当天线设在落地铁塔上时，可以直接测量天线的挂高。

⑤ 指南针（必备）：使用指南针是为了获得基站扇区的方位角；有一些指南针还有测量天线下倾角的功能；指示拍照方位。

⑥ 数码相机（必备）：是重要的信息记录辅助工具，站点勘察过程中，需要用到数码相机，记录站点的环境信息，为以后规划分析和信息查询提供帮助。

⑦ 拍摄的照片是项目负责人判断勘察站点是否合适、规划区域环境适用的传播模型的重要手段。

为了获得足够清晰的环境照片，记录像素为 1024×768。便于在计算机上清晰显示。

拍摄周围环境 8 张照片，从正北开始，每 45°一张。

天面照片多张，根据天面的大小可分开拍摄；拍摄楼面时，要求必须包括整个楼面90％以上的面积，规划的天线大致位置必须拍到。

如果共站 G 网天线、走线架位置也必须拍到。

可以通过拍摄多张照片的方式满足要求，需要在名字中说明照片为天面的哪一部分。

候选站点建筑物外观照片一张。

⑧ 望远镜（推荐）。

8）可提供站点勘察过程

① 找到现有站点，上到天面。

② 用 GPS 定位，用测距仪量出楼面高度，用指南针得出建筑物和磁北的相对方向。

③ 如果已有其他网络天线，得到天线挂高、下倾角、天线型号、朝向等参数。

④ 考察周围环境，得出周围高度、本站相对周围高度、周围环境、干扰信息和重点覆盖区等内容。

⑤ 用数码相机拍照。

⑥ 根据天面现有天线位置，考虑天线设置要求、隔离要求等因素，确定天线位置。

⑦ 根据天面草图绘制规范画出天面草图。

9）规划站点勘察过程

① 找到准备加站的位置，根据合适站点的要求，在附近位置选择 2～3 个比较合适的站点。

② 用 GPS 定位，用测距仪量出楼面高度，用指南针得出建筑物和磁北的相对方向。

③ 根据周围环境判断规划的朝向和天线挂高能够实现。

④ 考察周围环境，得出周围高度、本站相对周围高度、周围环境、干扰信息和重点覆盖区等内容。

⑤ 用数码相机拍照。

⑥ 根据天面现有天线的情况，考虑天线设置要求、隔离要求等因素，大致确定天线位置。

⑦ 根据天面草图绘制规范画出天面草图。

⑧ 输出勘查报告。

5.2.4　无线网络详细规划

站点勘测和设计完成后，经过适当的调整，最终网络拓扑确定后，还需要对系统参数进行详细规划，包括下行基站各个信道的发射功率、频率、码资源、切换参数、小区重选参数以及邻区关系等，如图 5-4 所示。

详细规划的效果也需要仿真软件进行验证，如图 5-4 所示，通过仿真，验证效果，如图5-5 所示。

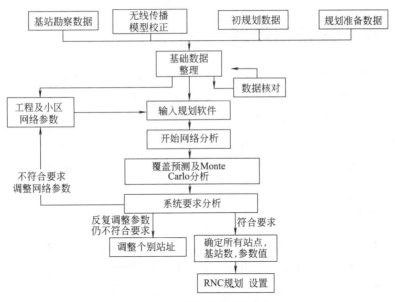

图 5-4 无线网络详细规划

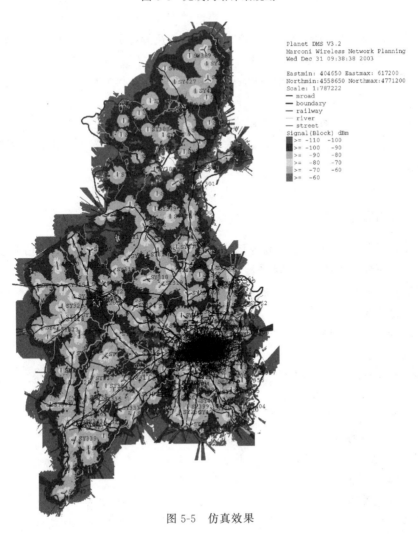

图 5-5 仿真效果

5.3　无线网络初规划——覆盖规划

CDMA 基站的覆盖能力可通过链路预算进行估算后根据无线传播模型进行理论预测，链路预算可分为前向链路预算（基站到移动台）和反向链路预算（移动台到基站）。

链路预算就是通过计算得到业务的最大允许损耗。

链路预算是覆盖规划的前提。将通过链路预算得到业务的最大允许损耗，代入适当的传播模型可以求得小区的覆盖半径，在小区形状一定的情况下，从而确定满足连续覆盖条件下基站的规模。

5.3.1　前向链路预算

在 CDMA 无线设计时，对前向链路预算进行估算意义不大，原因如下。

（1）前向链路预算不可预测因素较多，如周围基站的干扰情况，移动台的移动速度等，因网络具体情况不同，无法给出一个通用的取值；尽管通常可取周围基站的干扰系数 3dB 进行前向链路预算，但与实际情况相比，在不同网络、不同地区，结果相差悬殊，取值很难确定。

（2）前向链路预算中到涉及导频信道、业务信道及其他相关信道之间的功率分配比例，各设备厂家在不同网络或无线环境下的具体参数设置不尽相同，同时在 CDMA 2000-1x 系统中前向各业务信道的功率分配比例随着多业务的开展也变得复杂起来，链路预算也难以给出确定取值。

（3）实际网络仿真、测试结果表明，通过网络优化，合理设置参数，CDMA 系统覆盖范围主要受制于反向链路。即通常情况下，基站的功率都是满足覆盖需求的，即覆盖是上行受限。

因此，以下对基站覆盖能力的分析将重点考虑反向链路覆盖。

5.3.2　反向链路预算

在反向链路预算中，各种因素或为已知，或可相对准确的估算，因此估算结果较为可靠，可以为无线网络规划提供参考依据。

1）反向链路预算主要与以下因素有关

（1）与传播环境及覆盖要求有关的参数

① 建筑/车辆/人体损耗；

② 衰落余量；

③ 与 CDMA 系统有关的参数；

④ 干扰余量（与 CDMA 系统设计容量有关）。

（2）与产品有关的参数

① 基站接收机灵敏度（与业务、多径条件等因素有关）；

② 手机发射功率（业务信道最大发射功率）；

③ 天线增益（基站、手机）。

（3）与工程有关的参数

基站馈线损耗（包括跳线、接头、主馈线，与基站的具体安装等有关）。

2）反向链路预算公式

具体反向链路预算公式如下。

室外最大允许的空间损耗（dB）＝移动台发射功率（dBm）＋移动台天线增益（dB）－人体损耗（dB）＋基站接收天线增益（dBi）－基站馈线损耗总计＋软切换增益（dB）－衰落余量（dB）－干扰余量（dB）－基站灵敏度（dBm）

室内或车内最大允许的路径损耗（dB）＝最大允许的空间损耗（dB）－建筑物或车体穿透损耗（dB）

其计算过程见表5-1。

表5-1 计算过程

参数	符号运算
UE 最大发射功率	A
UE 天线发射增益	B
UE 机体发射损耗（人体损耗）	C
UE 实际每信道最大发射功率	$D=A+B-C$
环境热噪声功率谱密度	E
上行噪声系数	F
上行接收噪声功率谱密度	$G=E+F$
上行噪声恶化量	H
基站上行接收的总的干扰功率谱密度	$I=G+H$
上行信号品质要求 Eb/No	J
上行业务速率	K
上行接收灵敏度	$L=I+10\lg(1.2288\times10^6)+(J-10\lg(1.2288\times10^6/K))$
基站天线增益	M
基站综合损耗	N
阴影衰落余量	P
软切换增益	Q
功控余量	R
穿透损耗	S
最大损耗	$T=D-L+M-N-P+Q-R-S$

由于具体无线网络的传播环境非常复杂，设备性能、系统设计指标、具体工程参数设定等相关取值千差万别。

为简化分析过程，以下的链路预算将在参考现有 CDMA 网络实际情况的前提下，按照较有代表性的参数取定，分析计算典型环境和覆盖要求情况下的反向链路预算。

现网不仅有 CDMA 2000-1x 系统，还有 IS-95A 系统。CDMA 2000-1x 与 IS-95A 相比，采用了许多新技术，诸如反向相干解调、快速前向功控、Tubro 编码、发射分集等，其总体性能优于 IS-95A 系统。

由于 IS-95A 系统和 CDMA 2000-1x 系统部分参数不同，IS-95A 系统提供的语音服务和 CDMA 2000-1x 系统提供的语音服务及数据服务的反向链路预算均有所不同，以下将分别进行估算。

3）IS-95A 语音反向链路预算

参照现网各种相关参数设置，IS-95A 基站反向链路预算见表 5-2。

基站反向链路预算见表 5-3（IS-95A 语音服务）。

表 5-2　IS-95A 基站反向链路预算

反向链路预算	大城市 密集城区	一般城市 /一般城区	郊区一般 乡镇/乡村	乡村 开阔地带
覆盖要求	室内	室内	室内	室外
频率/MHz	835	835	835	835
扩频带宽/kHz	1228.8	1228.8	1228.8	1228.8
Boltzman 常数 W/(Hz·k)	1.38×10^{-23}	1.38×10^{-23}	1.38×10^{-23}	1.38×10^{-23}
室温/K	290	290	290	290
热噪声密度 No(dBm/Hz)	-174	-174	-174	-174
热噪声功率/dBm	-113.1	-113.1	-113.1	-113.1
数据信息速率/Kbps	9.6	9.6	9.6	9.6
数据信息速率/dB·Hz	39.8	39.8	39.8	39.8
基站接收机噪声系数/dB	4	4	4	4
小区负载	50%	50%	50%	50%
干扰余量/dB	3	3	3	3
基站接收端 $E_b/(I_o+N_o)$/dB	7	7	7	7
基站接收机灵敏度/dBm	-120.2	-120.2	-120.2	-120.2
扇区配置	三扇区	三扇区	三扇区/全向	三扇区/全向
基站接收天线增益/dBi	15.5	15.5	17/11	17/11
基站接收天线分集增益/dB	3	3	3	3
基站合成器损耗/dB	3	3	3	3
馈线和接头损耗/dB	4	4	4	4
移动台最大发射功率/dBm	23	23	23	23
移动台发射天线增益/dBi	0	0	0	0
移动台发射机 ERP/dBm	23	23	23	23
软切换增益/dB	3	3	3	3
余量				
覆盖区内置信度	90%	90%	90%	90%
覆盖区边缘置信度	75%	75%	75%	75%
正态衰落余量/dB	5.4	5.4	5.4	5.4
最大允许空间损耗/dB	152.3	152.3	153.8/147.8	153.8/147.8
人体损耗/dB	3	3	3	3
建筑物/车辆穿透损耗/dB	25	20	10	4
最大允许的路径损耗/dB	124.3	129.3	140.8/134.8	146.8/140.8

注：正态衰落余量为保证接收功率（对数正态分布）在一定的概率下都大于接收机的灵敏度；建筑物/车辆穿透损耗根据不同环境进行取值，表中取值为典型环境下的参考值。

4）CDMA 2000-1x 语音反向链路预算

在比较 IS-95A 和 CDMA 2000-1x 时，就语音服务而言，假设这两种系统的信息速率、软切换增益、小区负荷、无线环境是一致的，主要区别在于接收机噪声指标和 E_b/I_t（I_o+N_o），更直接的体现就是影响了灵敏度。

在假定小区负荷，无线环境及其他相关因素一致的情况下，以 IS-95A 语音为基准，各种数据速率下，基站反向链路预算相关参数（CDMA 2000-1x 系统）见表 5-3。

表 5-3　基站反向链路预算相关参数（CDMA 2000-1x 系统）

反向链路预算	IS-95A 9.6Kbps 语音	CDMA 2000 -1x 9.6Kbps 语音	CDMA 2000 -1x9.6Kbps 数据	CDMA 2000 -1x 19.2Kbps 数据	CDMA 2000 -1x 38.4Kbps 数据	CDMA 2000 -1x 76.8Kbps 数据	CDMA 2000 -1x 153.6Kbps 数据
数据信息速率/Kbps	9.6	9.6	9.6	19.2	38.4	76.8	153.6
数据信息速率/dB·Hz	39.8	39.8	39.8	42.8	45.8	48.9	51.9
小区负载	50%	50%	72%	72%	72%	72%	72%
干扰余量 $(I_o+N_o)/N_o$/dB	3	3	5.5	5.5	5.5	5.5	5.5
基站接收端 $E_b/(I_o+N_o)$/dB	7	5	5	4	3.3	2.7	2.2
基站接收机灵敏度/dBm	−120.2	−122.2	−119.7	−117.7	−115.4	−112.9	−110.4
软切换增益/dB	3	3	0	0	0	0	0
允许空间损耗相对差值/dB	0	2	−3.5	−5.5	−7.8	−10.3	−12.8
人体损耗/dB	3	3	1	1	1	1	1
允许路径损耗相对差值/dB	0	2	−1.5	−3.5	−5.8	−8.3	−10.8

（1）在表 5-3 中，最大允许空间损耗相对差值及最大允许路径损耗相对差值，均指相对于同环境下的 IS-95A 语音反向链路预算表中对应数据的相对值（以 IS-95A 语音估算值为基准 0），表中所列数据均为 IS-95A 及 CDMA 2000-1x 链路预算中有差别的部分，其他数据同 IS-95A 语音服务链路预算取值。

（2）数据服务小区负载相对语音而言可以达到较高程度（指网络设计时的终极能力）；小区负载不同，干扰余量取值也不同。

（3）表中 $E_b/(I_o+N_o)$ 的值来自反向链路仿真结果，在不同环境下需要的值不同，将影响链路预算的结果。

（4）数据服务时通常没有软切换，因而没有软切换增益。

（5）进行语音业务链路预算时考虑增加 3dB 的人体损耗，而传输数据业务时通常终端不贴近人体，人体损耗较小。

5）基站覆盖半径的计算

通过链路预算求得了移动台和基站之间最大允许的路径损耗后，结合当地的无线传播模型，预测基站覆盖半径就很简单了。事实上，无线传播模型描述的正是路径传播损耗和覆盖距离之间的关系。通过已知的最大允许路径损耗和无线传播模型，可以反推出基站最大的覆盖半径。当只估算宏小区基站的覆盖半径，而不考地形特征时，可用 Cost231-hata 模型计算宏小区半径。

模型参见第 4 章。

6）基站覆盖面积的计算

通过计算出的小区覆盖半径 R，可以求出基站的覆盖面积 $Area$ 及站间距 D。基站覆盖面积的计算和站型有关。NodeB 的常见站型有以下几种。

（1）全向站如图 5-6 所示。

基站覆盖面积 $Area = \dfrac{3}{2}\sqrt{3}R^2$，站间距 $D = \sqrt{3}R$。

（2）三扇区定向站（65°水平波瓣），如图 5-7 所示。

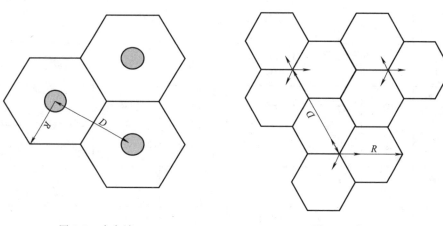

图 5-6　全向站   图 5-7　定向站

基站覆盖面积 $Area = \dfrac{9}{8}\sqrt{3}R^2$，站间距 $D = \dfrac{3}{2}R$。

7）规模计算

用规划区域面积除以单站覆盖面积就可以得到覆盖该区域内满足覆盖要求大致需要的站点数。

注意市区、郊区、乡村公路、开阔区和林区要分别估算，因为区域不同，配置（站型、功率等）不同，即使是市区也要分别计算一般市区和密集市区。不同类型，甚至不同速率的业务也要分别计算。

5.3.3　基站覆盖能力分析

（1）IS-95A 语音覆盖范围。根据上述估算反向链路预测，结合传播模型（校正）预测出各种典型环境下基站覆盖范围 IS-95A 基站语音覆盖范围估算见表 5-4。

表 5-4 IS-95A 基站语音覆盖范围估算

反向链路预算	大城市密集城区	一般城市 /一般城区	郊区一般 乡镇/乡村	乡村 开阔地带
覆盖要求	室内	室内	室内	室外
扇区配置	三扇区	三扇区	三扇区/全向	三扇区/全向
最大的允许路径损耗/dB	124.3	129.3	140.8/134.8	146.8/140.8
预测用传播模型	Cost-231	Okumura	Okumura	Okumura
基站天线挂高/m	30	35	45	45
预测覆盖半径/km	0.82	1.26	8.74/5.83	12.9/8.74

（2）CDMA 2000-1x 覆盖范围。根据传播模型可以推导出 CDMA 2000-1x 系统与 IS-95A 系统在覆盖距离上的差异：

设 L_1 为 IS-95A 的允许的路径损耗，L_2 为 CDMA 2000-1x 的允许的路径损耗，d_1 为 IS-95A 的覆盖距离，d_2 为 CDMA 2000-1x 的覆盖距离，H_b 为基站天线相对挂高，则可以得到如下关系式。

$$\lg(d_2/d_1) = \frac{L_2 - L_1}{44.9 - 6.55 \lg H_b}$$

由链路预算分析数据，根据上式计算可以得出 CDMA 2000-1x 与 IS-95A 语音的相对覆盖半径 CDMA 2000-1x 基站相对 IS-95A 覆盖范围估算见表 5-5。

表 5-5 CDMA 2000-1x 基站相对 IS-95A 覆盖范围估算

	区域	大城市密集城区	一般城市 /一般城区	郊区一般 乡镇/乡村	乡村开阔地带
	覆盖要求	室内	室内	室内	室外
	扇区配置	三扇区	三扇区	三扇区/全向	三扇区/全向
	基站天线挂高/m	30	35	45	45
相对覆盖半径	IS-95A.9.6Kbps 语音	1	1	1	1
	CDMA 2000-1x-9.6Kbps 语音	1.14	1.14	1.22	1.22
	CDMA 2000-1x-9.6Kbps 数据	0.91	0.91	0.9	0.9
	CDMA 2000-1x-19.2Kbps 数据	0.8	0.79	0.79	0.79
	CDMA 2000-1x-38.4Kbps 数据	0.68	0.68	0.68	0.68
	CDMA 2000-1x-76.8Kbps 数据	0.58	0.58	0.57	0.57
	CDMA 2000-1x-153.6Kbps 数据	0.49	0.49	0.48	0.48

说明：相对覆盖半径指相对于同环境下的 IS-95A 语音覆盖半径的比例（以 IS-95A 语音覆盖半径为基准值1）。

在 CDMA 2000-1x 数据服务范围内，应根据数据业务需求量的不同提供不同水平的服务。在数据需求较大的城市中心区系统应提供较高速率分组数据服务，在数据需求不大的城郊地区则只提供低速分组数据服务。在实际网络规划过程中，也应遵循这一原则来确定基站配置与基站位置。

CDMA 2000-1x 基站典型环境下基站覆盖半径见表 5-6。

表 5-6 CDMA 2000-1x 基站覆盖范围估算

区域		大城市密集城区	一般城市 /一般城区	郊区一般 乡镇/乡村	乡村 开阔地带
覆盖要求		室内	室内	室内	室外
扇区配置		三扇区	三扇区	三扇区/全向	三扇区/全向
基站天线挂高/m		30	35	45	45
基站覆盖半径/km	IS-95A9.6Kbps 语音	0.82	1.26	8.74/5.83	12.9/8.74
	CDMA 2000-1x 9.6Kbps 语音	0.94	1.44	10.6/7.12	15.7/10.6
	CDMA 2000-1x 9.6Kbps 数据	0.75	1.14	7.88/5.29	11.6/7.88
	CDMA 2000-1x 19.2Kbps 数据	0.66	0.99	3.24/4.64	
	CDMA 2000-1x 38.4Kbps 数据	0.56	0.86		
	CDMA 2000-1x 76.8Kbps 数据	0.48	0.73		
	CDMA 2000-1x 153.6Kbps 数据	0.40			

5.4 无线网络初规划——容量规划

容量规划是无线网络初规划的另一个重要组成部分，其目的是根据规划网络的业务模型和业务量需求，估算出满足容量大致所需的基站数目（用网络总业务量除以单基站能承载的业务量）。

和链路预算一样，容量估算也应从上行和下行两个方向进行。CDMA 系统的容量在上行方向主要是干扰受限，在下行方向主要是基站功率受限。语音业务上下行的业务流量较为对称，容量主要是上行受限，因此容量估算主要关注上行方向的容量计算。但数据业务上下行的业务流量普遍呈现出不对称的特性，甚至有可能出现下行容量受限的情况。因此，数据业务的容量估算需从上下行两个方向分别进行。

对于语音业务根据上行和下行容量公式求出每个小区所支持的最大信道数，并根据 Erl-B 模型求出每个小区所能容纳的话务量，进而求出满足容量所需的基站数。

但 CDMA 网络是多业务并存的网络，对小区容量的估算不能再简单沿用纯语音网络中对小区容量的估算方法，这是因为不同业务的业务速率和所需的 E_b/N_o 不同，因此对系统负荷产生的影响和消耗的基站资源也不同。混合业务容量估算的一个思路就是在不同业务之间进行等效。在混合业务估算中常用的方法是 Campbell 方法。

Campbell 方法的基本原理是将所有业务按一定原则等效成一种虚拟业务，并计算此虚拟业务的总话务量，然后计算满足此话务量所需的虚拟信道数，进而折算出满足网络容量的实际信道数。

容量估算的结果和覆盖的规模估算的结果，可能不同，一般取较大值，从而保证同时满足容量和覆盖的需求。

5.5 详细规划——PN 短码规划

详细规划的内容有很多，比如基站各个信道的发射功率、频率、码资源、切换参数、小区重选参数以及邻区关系等，这里选择两个内容来讲：一个是 PN 短码规划；另一个是邻区规划。

在 CDMA 系统中有多种信道，导频信道的发射功率一般占总发射功率的 $20\%\sim25\%$ 左右，基本不受功率控制的影响，它的覆盖范围决定了一个基站覆盖范围的大小。

PN 短码规划与 GSM 系统中的频率规划相类似，PN 短码相位规划主要考虑两方面的问题，即同相位短码之间的复用和相邻相位短码之间的相位隔离。复用的同相位短码之间存在同相偏干扰，相邻相位的短码之间存在邻相偏干扰。显然，较大的短码复用距离可以减小同相偏干扰，但需要较多的不同相位短码，从而减小了相邻相偏短码之间的相位隔离，进而导致了较大的邻相偏干扰；而较小的邻相偏干扰需要较大的相邻相偏短码之间的相位隔离，从而导致可用短码相位数的减少，引起同相偏干扰的增加。由此可见，同相偏干扰和邻相偏干扰之间是一对矛盾，将这一对矛盾进行合理的折衷是 PN 短码相位规划的关键。

CDMA 系统，PN 短码的周期是 2^{15}（32768chip），将短码每隔 64chip 进行划分，于是得到了 512 个不同相位的短码，将这些短码按 $0\sim511$ 顺序编号，并将该编号称为该短码的 PN 相偏指数（PN offset Index）。

由于电波传播环境的复杂，64chip 的间隔，仍显不足，故引入了一个参数：PN _ INC，短码相偏指数增量步长。此时，可用的短码相偏指数个数 N_{PN} 由全局系统参数 PN _ INC 确定，如下式

$$N_{PN}=512/PN\_INC$$

（1）PN_INC 上下限值。合理控制基站的每个扇区 PN 码的相位偏置的间隔，首先需确定 PN_INC 的下限值和上限值。

下限值应满足以下基本条件（两个不同导频相位差需满足的准则）。

① 即使延时很大，其他扇区的导频也不得落入当前的相位搜索窗。

② 相邻搜索窗中的导频信号不能混淆。

PN_INC 上限值所需满足的条件。

① 上限值越大，复用距离就越小；所以 PN_INC 上限值所需满足的条件需要遵循两基站间复用距离原则。

② 来自远端的相同相位导频信号的干扰必须低于某一门限。

③ 远端导频的时延应大于当前搜索窗的一半，以免不正确的指峰出现在搜索窗中。

④ 远端导频信号也不能出现在相邻搜索窗中。

类似于模拟系统的频率复用，一组可用的 PN 偏置分配给一族小区，复用距离 D 与小区数目 N 的关系 $D=\sqrt{3N}\cdot R$，其中 R 为基站半径（如包含 3 个扇区的基站半径）。

按照上述复用距离应满足的条件，一般情况下要求 $D>6.8R$，代入上式得到 $N\geq16$，对于三扇区网络，导频总数应大于扇区总数，即

$$\left[\frac{512}{PN\_INC}\right]>3N>48$$

$-PN\_INC$ 上限值为 10。

（2）现网 PN_INC 的一般取值。PN_INC 的上限值可由复用公式推导得出为 10，下限值根据不同的站间距考虑选择。通常在工程中 PN_INC 有以下几种取值。

① $PN\_INC=2$，可用 PN 相位偏置值 256 个，适用于基站密集区域

② $PN\_INC=3$，可用 PN 相位偏置值 170 个，适用于基站较密集区域

③ $PN\_INC=4$，可用 PN 相位偏置值 128 个，基站站距较大时适用

④ $PN\_INC>4$，PN 相位偏置利用效率低，一般不采用

考虑到目前 CDMA 系统要求可用 PN 相位偏置值较多，并且要求 PN 短码规划灵活方便的特点，PN_INC 值一般选用 3。

（3）PN 码分配原则。PN 码分配时应遵循以下原则：

① 相邻扇区不能分配邻近相位偏置的 PN 码，相位偏置的间隔要尽可能大。

② 同相位偏置 PN 码复用时，复用基站间要有足够的地理空间隔离。

③ 要预留一定数目的 PN 码，以便扩容时新增基站的使用。

④ 对于不同厂家以及省际之间的基站可以利用天然地形阻挡隔离；并使用不同的边界 PN 相位偏置集，以保证手机的平滑切换。

考虑全局系统参数 $PN\_INC=3$，可知系统中可供采用的有效短码相偏指数个数 $N_{PN}=512/3=170$。现网中基站多为三扇区基站，则 170 个偏置只能分配给 56 个基站（$56\approx\frac{170}{3}$），即复用区群中的基站个数最多为 56。

（4）选定 PN_INC 后，有两种方法设置导频

① 连续设置，即同一个基站的三个扇区的 PN 分别为 $(3n+1)\times PN\_INC$、$(3n+2)\times PN\_INC$、$(3n+3)\times PN\_INC$，如图 5-8 所示。

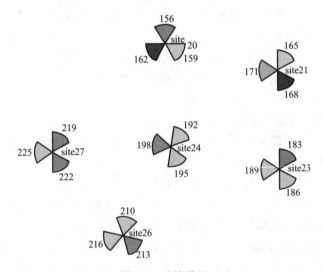

图 5-8   连续设置

② 同一个基站的三个导频之间相差某个常数，各基站的对应扇区（如都是第一扇区）之间相差 n 个 PN_INC。如 $PN\_INC=3$ 时，同一个站点三个扇区的 PN 偏置设为 $n\times PN\_INC$、$n\times PN\_INC+168$、$n\times PN\_INC+336$；$PN\_INC=4$ 时，三个扇区的 PN 偏置设为 $n\times PN\_INC$、$n\times PN\_INC+192$、$n\times PN\_INC+384$，如图 5-9 所示。

导频规划时，必须保留一部分导频资源作为保留集，用作以后扩容。

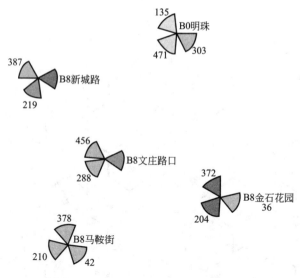

图 5-9 三个导频之间相差某个常数设置

5.6 详细规划——邻区列表设置

PN 设定后，需要进行邻区列表设置，邻区列表设置是否合理影响基站之间的切换能否进行。不合理的邻区规划可能会导致语音质量差、切换失败、掉话等影响网络性能的问题。

系统设计时初始的邻区列表参照下面的方式设置，系统正式开通后，根据切换次数调整邻区列表。

初始邻区设置原则如下。

① 同一个站点的不同扇区必须设为邻区；

② 周围相交的第一层小区设为邻区，扇区正对方向的第二层小区设为邻区；

③ 邻区要求互配，可以在 OMC 后台配置过程中，选中要求互配的项。

下面是一个邻区设置的例子如图 5-10 所示。

PN _ INC 实设为 4，导频设置按照前面介绍的两种方法中的第一种设置。

图 5-10 中中心位置为当前基站的三个小区，导频号分别设为 4、8 和 12；深灰色标示的为第一层小区，图中其余的为第二层小区。

当前小区第一扇区的邻区可以设为：PN 偏置为 8、12、32、48、88、92、100、108、112、128、140、144、156、196、200、204、208、220 的小区，共 18 个。

图 5-10 中用虚线箭头标示的小区即为当前扇区的邻区。其余扇区的邻区设置依此类推。

根据各小区配置的邻区数情况及互配情况，调整邻区，尽量做到互配，邻区的数量尽量不要超过 18 个，邻区互配率必须大于 90%。调整的顺序是首先调整不是完全正对方向的第二层小区，然后是正对方向的第二层小区。所有小区的邻区设置完成后，需要检查邻区是否互配。

对于站点比较少的业务区（6 个以下），可将所有扇区设置为邻区，只要邻区数目不超过 18 个。

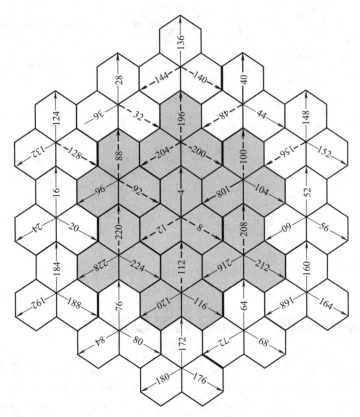

图 5-10　邻区设置示意图

对于搬迁网络，在现有网络邻区设置基础上，根据路测情况调整。如果存在邻区没有配置导致的掉话等问题，在邻区列表中加上相应的邻区，调整后的邻区列表作为搬迁网络的初始邻区。

思考题

一、单选选择题

1. 常说手机的发射功率是 23dBm，也就是（　　）W。

　　A. 0.15　　　　　　　B. 0.2　　　　　　　C. 0.25　　　　　　　D. 0.3

2. 假设基站的发射功率为 27dBm，换算成瓦，对应是（　　）W。

　　A. 0.2　　　　　　　B. 0.5　　　　　　　C. 1　　　　　　　　D. 2

3. 网络拓扑结构设计时对于小区半径的要求是（　　）。

　　A. 满足覆盖要求的小区半径　　　　　　B. 满足容量需求的小区半径

　　C. A 和 B 中的最大值　　　　　　　　D. A 和 B 中的最小值

4. 仿真时输入的天线挂高是（　　）。

　　A. 建筑物高度　　　　　　　　　　　B. 抱杆长度

　　C. 天线相对覆盖区的高度　　　　　　D. 天线相对周围地面的高度

5. 以下指标中反映其他用户影响，需要在链路预算中考虑的参数是（　　）。

A. 衰落余量　　　　B. 干扰余量　　　　C. 建筑物穿透损耗　D. 车体损耗

6. 以下不同区域的建筑物穿透损耗大小对比，正确的是（　　）。

A. 密集城区＞一般城区＞郊区＞乡村　　B. 一般城区＞密集城区＞郊区＞乡村

C. 密集城区＜一般城区＜郊区＜乡村　　D. 密集城区＝一般城区＞郊区＞乡村

7. 对于同样长度同样大小不同频段的馈线损耗，下列说法正确的是（　　）。

A. 450m＞800m＞1.9GHz　　　　B. 1.9GHz＞800m＞450m

C. 800m＞450m＞1.9GHz　　　　D. 以上说法都不对

8. 关于同样频段不同大小（单位是英寸）的馈线损耗，下列说法正确的是（　　）。

A. 1/2＞7/8＞5/4　　　　　　B. 1/2＜7/8＜5/4

C. 1/2＞5/4＞7/8　　　　　　D. 以上说法都不对

9. CDMA系统是自干扰系统，在前向链路主要是（　　）受限。

A. 功率　　　　B. CE　　　　C. 干扰　　　　D. 码资源

10. CDMA系统是自干扰系统，在反向链路主要是（　　）受限。

A. 功率　　　　B. CE　　　　C. 干扰　　　　D. 码资源

11. 目前业界进行链路预算表的计算中人体损耗一般采用的是（　　）。

A. 2dB　　　　B. 3dB　　　　C. 4dB　　　　D. 5dB

12. 下列公式哪些是正确的（　　）。

A. 10dBm＋10dBm＝20dBm　　　　B. 10dBm＋10dBm＝13dBm

C. 10dBm＋10dB＝21dBm　　　　D. 10dBm＋10dB＝100dBm

13. 以下指标中反映无线信号动态变化的影响，需要在链路预算中考虑的参数是（　　）。

A. 衰落余量　　　　B. 干扰余量　　　　C. 穿透损耗　　　　D. 车体损耗

14. 进行链路预算的目的是用来估算（　　）。

A. 基站发射功率　　B. 小区容量　　C. 小区半径　　　　D. 终端发射功率

二、多选选择题

1. 话务阻塞可能对网络性能带来（　　）影响。

A. 接入困难　　　　B. 掉话率增高　　　C. 语音质量下降　　D. 呼叫成功率增高

2. CDMA属于干扰受限系统，无线干扰的增加可能影响到系统的（　　）。

A. 容量　　　　B. 覆盖　　　　C. 呼叫成功率　　　D. 掉话率

3. 对于CDMA网络，小区的前向覆盖半径和以下（　　）因素有关。

A. 前向发射功率　　　　　　B. 路损因子

C. 系统的接收机灵敏度　　　　D. 周围是否存在移动GSM网络

4. 通常说来，CDMA系统空口反向容量是（　　）受限，前向容量是（　　）受限。

A. CE单元　　　　B. 功率　　　　C. Walsh码　　　D. 干扰

5. 以下关于话务量的描述，正确的是（　　）。

A. 话务流量就是单个源产生的话务量，单位是erl。在不致引起误解的情况下，也常把话务流量简称为话务量

B. 10个话音用户产生的话务流量可以大于10erl

C. 使用爱尔兰B表可以通过给定的服务器（信道）数量配置，呼损率gos，得到支持话务量，或者相反，通过话务量，呼损率查表得到信道数配置

D. 只要服务（信道）数大于源（实际用户）数，就可以达到零呼损率

6. 规划站点勘测需要用到的工具有（　　　）。

    A. 指南针　　　　　　　　B. 测距仪　　　　　　　　C. 数码相机　　　　　　　　D. GPS定位仪

7. PN规划的过程包括（　　　）。

    A. 确定 PN_INC，在此基础上确定可以采用的导频集

    B. 根据站点分布情况组成复用集

    C. 确定各复用集站点和基础集PN的复用情况

    D. 给最稀疏复用集站点分配相应的PN资源，根据该复用集站点PN规划得到其他复用集的PN规划结果

8. 关于PN规划，以下正确的说法是（　　　）。

    A. PN_INC 一般取3或4，且全业务区统一

    B. 只要保证间隔一个站以上，PN就可以复用

    C. 导频混淆只影响到涉及PN相同的这两个小区

    D. PN复用距离和地形地物、天线朝向等因素都有关系

9. 下面关于PN规划，正确的是（　　　）。

    A. PN用于区分扇区而不是基站

    B. PN资源是在短码基础上得到的

    C. PN规划需要考虑同PN混淆引起的网络问题

    D. 相邻扇区PN可以随意设置，不会产生问题

10. 网络规划过程中，对于可提供站点，主要具有（　　　）特征。

    A. 一般都能够提供一定的资源，比如机房或其他资源

    B. 可提供站点勘察的时候，需要收集可支持的天线挂高等无线参数信息

    C. 网络拓扑结构设计过程中，应该优先考虑可提供站点

    D. 可提供站点是实际已经存在的站点

11. 关于规划站点，下列说法正确的是（　　　）。

    A. 规划站点是网络拓扑结构设计阶段输出的

    B. 规划站点理论上能够满足覆盖和容量要求

    C. 网络拓扑结构设计阶段输出的规划站点需要到实地环境中找出符合要求的站点

    D. 规划站点是实际上已经存在的站点

12. 关于站点勘察，下列说法正确的是（　　　）。

    A. 需要进行周围环境照片的拍摄

    B. 如果扇区正对方向存在遮挡，则信号可能反射到背面的区域

    C. 对于密集城区的站点，选用架设在宽阔马路边上的站点时，需要避免基站的覆盖范围过大

    D. 站点勘察过程中，如果天线挂高需要增高的比较多，需要考虑建筑物的承重是否能满足要求

13. 关于可提供站点和规划站点，二者之间的区别主要是（　　　）。

    A. 规划站点是实际已经存在的，而可提供站点是网络拓扑结构设计阶段输出的

    B. 规划站点勘察的时候一般选择多个候选点，以避免出现由于选用的站点最终不能租用导致反复

    C. 规划站点勘察过程中，重点关注的是网络拓扑结构设计阶段输出的参数是否能

得到满足

　　D. 规划站点勘察过程中，首先根据经纬度找到对应位置

三、判断题

1.网络规划过程中，站点的设置只需要考虑覆盖因素，容量可以通过增加信道板解决。（　　　）

2.通过链路预算可以估计基站的覆盖半径。（　　　）

3.前向链路预算表用于估算各种环境下允许的前向最大路径损耗。（　　　）

4.同一个网络中的各个基站的PN偏置的设置必须是PN增量（PN_INC）的整数倍。（　　　）

5.外界的干扰可以影响系统的覆盖和容量。（　　　）

四、填空题

1.假设总容量为50000用户，每用户erl容量为0.03erl，goS＝2％，每扇区可提供的话务量为26.4erl，则要求的总erl容量为（　　　），要求的小区数为（　　　）。

2.如果$PN\_INC=3$，可以提供的PN资源为（　　　），每组PN使用3个PN资源。

3.取$PN\_INC=4$，某个站点第一扇区的PN为16，如果采用连续设置的方法，第二个扇区的PN为；如果采用间隔某个常数的设置方法，第二个扇区的PN为（　　　）。

4.网络规划过程中，PN_INC常取（　　　）或（　　　）。

5.PN规划的时候，如果采用相差某个常数的方式设置，则同一个基站的3个扇区的PN号可以表示为（　　　）、（　　　）、（　　　）。

五、简答题

1.说出5条以上的基站选址的具体原则。

2.网络规划需求分析需要收集哪些方面的数据？分别有什么作用？举出至少5个例子。

3.基站勘测的准备工作中常用的必备工具有哪些？

4.CDMA系统中，基站不合理的布局可能带来哪些不良的影响？

5.PN_INC的设置大小与什么因素有关？

6.PN规划的原则是什么？

第6章 CDMA系统的无线网络优化

6.1 优化概述

所谓网络优化，就是对即将投入运行或运行中的无线网络进行参数采集、分析和技术研究，通过全面、系统的网络评估发现网络存在的主要问题，并且通过参数调整和采取某些技术手段，使网络运行性能达到最佳状态，使现有的网络资源获得最佳效益。

进行网络优化的原因主要有两个方面：一是实际环境不断变化，导致网络局部区域覆盖变差。随着农村城市化、城市建设与改造的不断进行、人口迁徙等原因，原有的网络环境发生变化，造成原有良好覆盖的局部区域覆盖变差。二是语音和数据用户不断增长，导致现有网络性能下降。随着社会的发展，移动用户的数量呈不断上涨趋势，包括语音用户、数据用户都出现快速增长，原有的网络资源已不能满足用户增长的需要。

6.2 无线网络优化流程

无线网络优化分为两个阶段，一是工程优化，即建网时的优化，主要是网络建设初期以及扩容后的初期的优化，它注重全网的整体性能，各项关键指标是否达到、满足网络建设初期的规划要求。二是运维优化，是在网络运行的过程中的优化，即日常优化，通过整合OMC、现场测试、投诉等各方面的信息，综合分析定位影响网络质量的各种问题和原因，着重于局部地区的故障排除和单站性能的提高。此外，有时还需要不定期地进行一些专题优化，用于解决或改善网络中的一些特殊或重要性等级较高的专项问题。

6.2.1 工程优化流程

工程优化的目的是扩大的网络覆盖区域，降低掉话率，减少起呼和被叫失败率，提供稳定的切换，减少不必要的软切换，提高系统资源的使用率，扩大系统容量，满足 RF 测试性能要求等。

工程优化的流程如图 6-1 所示。

具体流程如下。

（1）射频数据检查。射频数据检查主要是核实基站位置、RF 设计参数、采用的天线、覆盖地图等；同时验证 PN 码的设定与设计参数是否一致、系统的邻区关系表以及其他系统参数是否与设计一致。

（2）基站群划分。定义基站群的目的是将大规模的网络划分为几个相对独立的区域，便

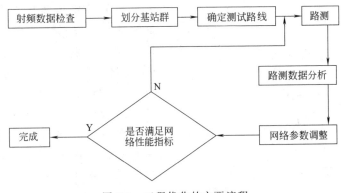

图 6-1　工程优化的主要流程

于路测、资源的分配以及路测时间控制、网络的微观研究，当然也是配合网络实施有先后的现状。

基站群站址数量选择一般为 20～30 个，具体情况可加以调整。因为如果规模过大，即覆盖区域过大，这样会对数据采集及数据分析造成一定的不便；如果规模过小，则不能满足覆盖区域的相对独立性，从而影响优化的准确性。同时覆盖区域应保持连续（一些站距远，覆盖区域相对独立的乡村站不应包含在其中）。此外还要考虑行政地域的分割，如一般中等城市市区部分及邻近郊区站可划分为一个基站群。后续基站群的优化应考虑与先前优化完毕的基站群在边界上的相互影响。

基站群的选择可通过电子地图、规划软件的结合来预测覆盖，为基站群的划分提供依据。

基站群的实际划分与其原则相辅相成，互为补充。

（3）路测线路选择。路测线路的确定主要考虑市区、市郊的主要道路，同时经过道路呈网格状，并包含所有基站的覆盖范围。郊区、农村的路测相对简单，主要是在结果分析时剔除无覆盖的区域。

（4）路测。通过路测工具，进行空口数据的采集。

（5）路测数据分析。通过后台处理软件，对路测数据进行分析，明确发生问题的原因。

（6）针对分析结果，进行参数的调整，如天线方位角、下倾角的调整，PN 码的重规划，邻区列表的重配置，搜索窗大小的调整等。

（7）调整后的结果是否满足目标，如掉话率、接通率等，满足则完成一轮优化，不满足，则重新分区路测分析，直到满足网络性能的指标。

6.2.2　运维优化流程

运维优化的主要目标是保持良好的网络性能指标，如：解决投诉问题，提高用户感受；减少导频污染，提高覆盖质量；提高单站性能等。

运维优化的主要流程如图 6-2 所示，首先通过后台分析、客户投诉、路测以及拨打测试等方法定位主要问题，然后根据具体问题来制定解决方案，最后进行优化实施。其中后台分析、客户投诉、路测以及拨打测试为运维优化过程中问题信息来源及启动优化的主要依据（注：在运维优化开始之前要做好系统数据的检查，确认参数配置与设计的一致）。

（1）后台分析。后台分析实际就是每日网管数据采集、相关指标的统计以及基站可

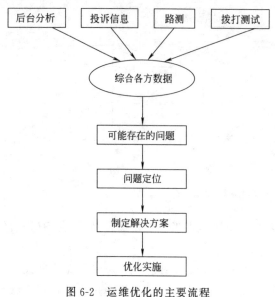

图 6-2　运维优化的主要流程

能出现的告警信息的收集。通过网管数据统计，可以对话务量较大的基站/扇区按照如下指标排出性能最差的 TOP N（根据区域的划分，N 可以更多或更少）个扇区/基站：呼叫建立成功率、掉话率、拥塞率以及坏小区。同时对于话务量不高的基站/扇区，如果连续多天的统计数据表明性能很差，也需要进行跟踪并做故障分析定位。

此外，某些基站出现告警，如硬件故障提示更换硬件或者过载等，也是后台分析的一项重要内容。

（2）客户投诉。通过收集客户的投诉信息，了解出现问题的区域及可能的问题，有针对性地解决。

（3）路测。通过定期的路测，发现问题，如干扰、邻区关系的错误配置等，及时发现隐蔽问题，尽早解决。

（4）呼叫质量拨打测试（CQT）（包括用户投诉确定地点）。通过在一些用户密集区域，如车站、酒店和风景区进行拨打测试，确保重点区域的网络性能。

通过以上 4 步流程，可以综合定位出现问题的区域、原因，提出解决方案。

实际上，在日常的运维维护中，重要的一项是新站的建立或者搬迁时的网络状态，对于这种情况，要实施连续多天的监控，直至确保网络运行正常。

6.2.3　专题优化

在网络建设或使用过程中，对于一些特殊性或重要性等级较高的专项问题的处理和改善，往往要进行针对性的专题优化，下面主要介绍网络优化中常见的专题优化。

1）导频污染优化

导频污染是指有多个强度相当的导频存在，且在移动台的激活集中没有占主导的导频。

主要原因如下。

（1）由于站址布局不合理或受地形地貌的影响，有过多无线信号越区覆盖到相邻小区，从而产生了导频污染；

（2）系统存在弱覆盖问题，无主服务小区。

导频污染的直接影响就是容易产生掉话。当然在设计阶段就应努力克服导频污染问题，便于以后的网络优化。

导频污染的发现主要有路测以及后台数据的统计，相应的优化措施主要如下。

（1）调整天线：通过调整基站天线挂高、方向角和下倾角，控制扇区覆盖范围，减少越区覆盖或加强主覆盖扇区信号。

（2）调整基站功率：通过增强或者减少某些扇区功率，加强主导频信号相对强度。

（3）调整网络覆盖结构：增加基站或者分布系统增强主小区信号。

2）切换优化

切换是移动通信的特色技术，同时也是必不可少的技术，可有效保证用户移动过程中的业务连续性，提高用户感受，减小掉话率。因此，切换通常作为专题来分析和研究。

CDMA 采用先进的软切换和更软切换，从而降低了掉话率，提高了话音质量。再加上 CDMA 先进的编码和功率控制，使得用户的话音质量清晰，这些方面都使得 CDMA 的话音质量和 GSM 以及 GPRS 相比均有较大的提高。

虽然切换是一个老话题，切换的算法随着移动网的发展应用也逐渐成熟，但是任何算法都无法解决一些具体问题，如切换边界信号不稳定，切换需要判决时间或判决失误等。因此要严格控制切换带，降低切换带过大带给整网业务传输特性的影响。

3）邻区优化

邻区优化是无线网络优化中重要的一个环节。邻区设置不合理会导致干扰加大，容量下降以及网络性能恶化。因此良好的、准确的邻区配置是保证 CDMA 网络运行的基本条件。

邻区干扰的主要内容为邻区配置不合理，如漏配邻区（导致掉话等）、多配邻区（增加手机对导频的搜索时间）或者优先级设置不合理（导致掉话等）。这些都会严重影响网络性能。下面给出邻区优化的一些建议。

地理位置上直接相邻的小区要作为邻区；信号可能最强的邻区放在邻区列表优先级最高的地方，依次类推；邻区关系是相互的，即互为邻区；一些特殊场合如单双载波边界可能要求配置单向邻区（如网络规划中，作为分层小区的负载均衡的情况等）。

6.3　路测分析法

路测分析法是 CDMA 网络优化中常用的优化方法之一，流程如图 6-3 所示。

流程说明如下。

（1）需求分析。了解网络覆盖需求信息；获取现有网络站点信息；了解系统参数设置；了解现有网络中存在的问题；确认优化验收标准；确认与客户的分工界面。

（2）路测计划制定。路测计划需要和客户协商确定，一般需要确定测试路线；确定测试日期、测试时间段；确定测试参数。

呼叫方式是选用连续长时呼叫测试还是周期呼叫，测试是进行忙时测试、无载测试还是有载测试。

（3）路测前准备。确保车辆能及时到位；检查各项路测设备是否齐全、可用，做好可以导入测试软件的基站信息表；其他一些附件的准备：如测试手机备用电池等。

（4）路测实施。按照设计好的测试路线，进行实际的路测，路测过程中要做好以下几点。

路测人员注意和司机的良好配合，为司机指清或者让司机自己弄清楚行车路线；正确保存测试数据，测试数据命名建议按照"××××年××月××日××地点××目的"格式，以方便事后查询。

路测过程中可实时观察测试软件界面上反映网络质量的相关参数 Ec/Io、Rx Power、Tx-Power、Tx-Adj、FFER 等的变化情况，对它们进行实时跟踪和观察，便于及时了解、记录和分析网络的可能问题。

路测过程中注意观察周围地形地貌环境的变化。

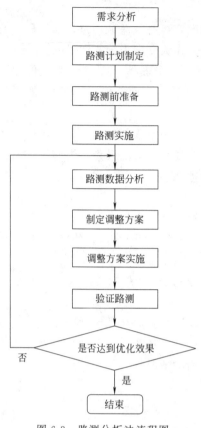

图 6-3　路测分析法流程图

路测过程中，如果出现意外的掉话、呼叫失败或者切换失败等情况，记下发生问题的位置，等完整的路测完成后可再到这些位置进行重复测试，有利于积累数据，便于正确分析。

在测试过程中，出现需要更换手机电池和笔记本电源或者设备其他异常情况，建议在交通规则的允许下原地处理，以便能获取完整的测试数据。

（5）路测数据分析。通过路测获取必要的数据只是一个前提，而对测试数据进行正确的分析则是关键，也是体现网优技术人员水平的一个重要环节。

通过分析软件对路测数据进行系统分析，从而了解网络的覆盖质量，判断网络中存在哪些问题，进而给出解决或改善方案。

如何正确分析路测数据在下面章节会有详细的阐述。

（6）制定调整方案。根据数据分析结果，制定可行的优化调整方案。对于具体问题的定位或者解决，可能会有几套方案供选择，按照优先顺序逐一列出。

（7）调整方案实施。将调整方案递交运营商，由运营商负责具体的调整事宜。由于调整方案实施的准确性直接关系到再次测试的数据分析和判断，因此一定要严格按照调整方案实施，并且反馈调整意见，必要情况下，网络优化工程师可参与调整的检查和监督。

（8）验证路测。通过验证测试判断调整的有效性。

（9）判断是否达到优化效果。根据验证测试结果，判断是否达到预期的优化效果，或者是否可以定位问题原因，如果可以，则撰写提交优化报告，本次优化结束；如果没有达到效果，则要实施其他调整方案，或者重新分析测试数据，制定新的调整方案并实施。

6.4　DT 测试

DT（Drive Test，路测）是指通过在覆盖区内选定的路径上移动，记录各种测试数据和位置关系的测试方式。

路测分析法是用相关的后台处理软件，对路测数据进行系统分析，从而了解网络的覆盖质量，结合配置数据，判断网络中存在哪些问题，进而给出解决或改善方案的一种网络优化方法。

6.4.1　路测分析法的特点

1）路测分析法的优点

（1）可以通过路测了解整个覆盖区域的信号覆盖状况，并用路测数据分析软件统计出总体的覆盖效果，对网络进行整体覆盖评估，是否达到规划设计要求的覆盖率。

（2）通过分析软件对路测数据的处理，可以清楚地了解哪些区域信号覆盖质量好，哪些区域信号覆盖质量差，有利于从整体上把握优化调整方案。

（3）可以准确记录在路测过程中各个事件（如呼叫、切换、掉话等）发生时的实际信号状况，以及对应的地理位置信息，有利于具体问题具体分析。

（4）在路测过程中，可以直接观察覆盖区域的地物地貌信息，了解信号的实际传播环境，结合路测数据，得出客观的信号覆盖评价判断。

（5）身临其境地体验终端用户的感受，为定位问题获取直接资料。

2）路测分析法的不足

（1）缺乏 OMC 话务统计数据的信息。

（2）比较局限于从无线侧了解网络情况。

6.4.2 DT 测试分类

根据测试的内容，可以分为话音业务的 DT 测试和数据业务的 DT 测试。

1）话音业务 DT 测试

话音业务 DT 测试：按呼叫时长分，可以分为连续长时呼叫和周期性短呼叫测试。两种测试呼叫方式的区别是呼叫保持时间不一样，一个是尽量长，另一个是某个固定的时长。

连续长时呼叫测试是指将呼叫保持时间设置为最大值一般 $3\sim4h$，在覆盖区内测试网络性能，如果出现掉话自动重呼。该测试呼叫次数很少，能够反映整个网络的性能，可用于测试网络覆盖质量、掉话率、切换成功率等网络性能参数，测试过程中可以记录 Rx_Power、Tx_Power、Ec/Io、FFER、Tx_Adj 等数据，并可以记录掉话、切换等事件的发生情况。

周期呼叫测试通过将呼叫建立时间、呼叫保持时间和呼叫间隔时间设置为固定的值，周期性地发起呼叫，测试网络性能。该测试更能反映系统处理能力，测试结果比较接近用户的实际情况，可用于测试起呼成功率、寻呼成功率、掉话率、呼叫延时等网络性能参数，测试过程中记录 Rx_Power、Tx_Power、Ec/Io、FFER、Tx_Adj 等数据，并可以记录各个呼叫事件的发生情况。

覆盖情况：通过 Tx-Power、Rx_Power、Ec/Io 等参数来衡量。

呼叫情况：呼叫情况包括起呼和被呼。可以通过周期性短呼叫（Sequence Call）发现呼叫接入问题。

掉话情况：可以通过连续长时呼叫检测。

话音质量：一般通过误帧率来衡量，反映空中无线信道的质量。

2）数据业务 DT 测试

测试数据业务平均传输速率，包括前向和反向的平均数据业务速率。

6.4.3 DT 测试路线的选定

DT 测试根据所属区域可分为城区 DT 测试和主要道路 DT 测试。

城区 DT 测试通过在城区路测得到城区的网络性能；主要道路 DT 测试通过对公路（高速公路、国道、省道及其他重要公路）、铁路和水路的测试得到这些区域的网络性能。

DT 测试是根据预先设计好的测试路线进行的，因此需要网络优化工程师根据划分的片区、路线的设计原则和当地的交通规则制定相应的测试路线。同时路测人员还应熟悉测试路线，不至于路测时由于不清楚行车的方向，而造成行车的盲目性和随意性，使得所测数据不完整。在进行路线设计时，网络优化工程师应该和运营商共同协商讨论，确定合理合适的测试路线，必要时需要双方签字确认。

DT 测试路线遵循跑全原则，测试路线尽量避免重复同一路段，而且要在尽可能多的路线上行车，以便经过不同的地貌，了解不同区域的覆盖情况。

根据路线设计原则，测试路线可以在纸面旅游地图上画出来，或者在电子地图上画出来，然后再打印。路测人员在测试之前一定要先熟悉测试路线、清楚测试目的。

6.4.4 测试设备

下所有硬件均要求符合《CDMA 无线网络 DT/CQT 测试仪表技术规范》的要求。

1）硬件要求

（1）测试手机。每个移动通信网络必须使用两部测试手机（CDMA 网建议使用 SUM-SANG 或者 LG 手机），在同一城市测试时必须使用同一型号手机。

（2）便携式测试计算机。便携式测试计算机要求能提供不少于 2 个 USB 接口以满足多部手机同时测试（USB 接口不足的情况下可通过 USB Hub 扩展 USB 接口），建议 CPU 处理速度在 2.6 GHz 以上，内存不低于 1GB，硬盘空间不低于 20GB。

（3）MOS 语音测试评估设备。要求设备配置能够同时对 CDMA 网络语音质量进行 MOS 评估（可一套或多套）。

（4）GPS。每套测试系统应配备一部。

（5）测试 SIM/UIM 卡。应使用当地 CDMA 签约用户卡。

硬件连接示意图如图 6-4 所示。

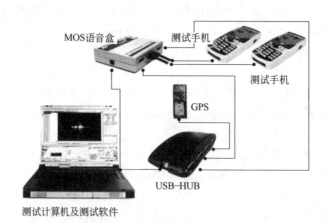

图 6-4　硬件连接示意图

2）软件要求

（1）路测软件。路测软件应符合《CDMA 无线网络 DT/CQT 测试仪表技术规范》的要求，要求测试软件能够支持 CDMA 网络测试标准。

（2）地图。准备 MapInfo 格式的二维电子地图和纸质地图。电子地图用于导入到测试软件中，提供地理化信息，以便辅助测试。纸质地图同样用来辅助测试和分析，可以是旅游地图或地形图等。

（3）基站信息表（可选）。建议准备现场测试区域最新基站信息表资料，该基站信息表格式是现场测试软件所能支持的格式，以便测试和分析时能够直接将基站信息导入软件中，辅助测试和分析。

（4）测试路线。在进行路测前要规划好测试路线，选取 DT 测试路线原则：在 DT 测试范围内，应根据测试目的尽可能遍历区域内多数车辆可通行道路，且尽量不要重复。并在电子地图上画出测试线路。

DT 测试路线建议。

① 测试路线必须在规划覆盖范围内；

② 测试路线尽量避免重复同一段路程；

③ 尽量经过覆盖区域内的不同地貌；

④ 尽量跑遍规定覆盖的区域；

⑤ 尽量以同一车速进行测试（30～50 km/h）。

6.4.5 测试方法

路测的流程如下。

（1）测试设备连接。设备的连接包括：手机与测试软件的连接、GPS 与测试软件的连接两部分。测试软件的设备配置窗口的主要功能就是用来与外部设备进行连接。安装手机和GPS 驱动后，将 GPS 和测试手机接到计算机的 USB 口，先查看计算机的硬件配置，看GPS 和手机分别分配的端口号是什么，在以上界面分别设置对应的端口号，单击鼠标右键，进行设备查找，所连接的设备会出现在对应的端口上。

（2）测试地图导入。导入所测试区域的地图，可以安装 Map In Fo 格式地图。

（3）站点地图导入。导入所测试区域的基站信息，需将基站系统信息转换成所用路测软件要求的格式，导入后可再看到基站及扇区的分布。

（4）测试数据记录。以上步骤完成后，开始路测，注意要保存数据，以供后期通过后台软件进行数据统计和分析。

（5）测试结束。

6.5 CQT 测试

1）测试时间

原则上应根据测试点对象不同，优先安排在该区域的话务忙时进行测试，其中居住场所优先安排在休息日或晚间；医院优先安排在工作日门诊时间；风景区优先安排在休息日景点开放时间；餐饮场所优先安排在餐饮时间；娱乐场所优先安排在晚间开放时间。

2）测试点的选取

选取原则。CQT 测试点应重点在话务量相对较高的区域、品牌区域、市场竞争激烈区域、特殊重点保障区域内选取。地理上尽可能均匀分布，场所类型尽量广。重点选择有典型意义的大型写字楼、大型商场、大型餐饮娱乐场所、大型住宅小区、高校、交通枢纽和人流聚集的室外公共场所等。测试选择的住宅小区、高层建筑入住率应大于 20%，商业场所营业率应大于 20%。测试选择的相邻建筑物在 100m 以外。

3）采样点的选择

① CQT 测试点的采样点位置选择应合理分布，尽可能选取人流量较大和移动电话使用频繁的地方，能够暴露区域性覆盖问题，而不是孤点覆盖问题。

② 室外公共场所和大型独体建筑物（除地下室和客梯外）至少选择 5 处采样点，其余建筑物（除地下室和客梯外）至少选择 3 处采样点。客梯和地下室一般为必测点。

③ 建筑物内要求分顶楼、楼中部位、底层进行测试。不同楼层的垂直相邻采样点相差 15m（5 层）以上；同一楼层的相邻采样点至少相距 20m 且在视距范围之外。某一楼层内的采样点应在以下几处位置选择，具体以测试时用户经常活动的地点为首选：大楼出入口、电梯口、楼梯口和建筑物内中心位置；人流密集的位置，包括大堂、餐厅、娱乐中心、会议厅、商场和休闲区等。

④ 成片住宅小区重点测试深度、高层、底层等覆盖难度较大的场所，以连片的 4～5 栋楼作为一组测试对象选择采样点。

⑤ 医院的采样点重点选取门诊、挂号缴费处、停车场、住院病房、化验窗口等人员密集的地方。有信号屏蔽要求的手术室、X 光室、CT 室等场所不安排测试。

⑥ 风景区的采样点重点选取停车场、主要景点、购票处、接待设施处、典型景点及景区附近大型餐饮、娱乐场所。

⑦ 火车客站、长途汽车客站、公交车站、机场、码头等交通集聚场所的采样点重点选取候车厅、站台、售票处、商场、广场。

⑧ 学校的采样点重点选取宿舍区、会堂、食堂、行政楼等人群聚集活动场所，如学生活动中心（会场/舞厅/电影院等）、体育场馆看台、露天集聚场所（宣传栏）、学生宿舍/公寓、学生/教工食堂、校部/院系所办公区、校内商业区、校内休闲区/博物馆/展览馆、校医院、校招待所/接待中心/对外交流中心/留学生服务中心、校内/校外教工宿舍、校内/校外教工住宅小区、小学/幼儿园校门口以及校外毗邻商业区（如学生街）等。教学楼主要测试休息区和会议室。

⑨ 步行街的采样点应该包括步行街两旁的商铺。

4）拨打要求

（1）采用同一网络的手机相互拨打的方式，手机拨叫、挂机、接听均采用自动方式，手机与测试仪表相连。

（2）每个采样点拨测前，要连续查看手机空闲状态下的信号强度 5s，若 CDMA 手机的信号强度连续不满足 Ec/Io≥−12dBm & Rx Power≥−95dBm，则判定在该采样点覆盖不符合要求，不再做拨测，也不进行补测，同时记录该采样点为无覆盖，并纳入覆盖率统计；若该采样点覆盖符合要求，则开始进行拨测。

（3）在每个测试点的不同采样点位置做主叫、被叫各 5 次，每次通话时长为 45s，呼叫间隔为 15s；如出现未接通或掉话，应间隔 15s 后进行下一次试呼。

（4）测试过程中应做一定范围的慢速移动和方向转换，模拟用户真实感知通话质量；遇到无信号情况时，继续按照设置的间隔要求不断进行试呼，所有的通话过程全部计入测试结果。

（5）测试结束后，根据测试项目的定义和说明，用后台数据处理软件统计并导出测试项目指标。

6.6 网络优化中常调整的参数

6.6.1 工程参数

（1）天线方位角：和基站覆盖区域有关，通过调整天线的方位角可以改变基站的服务区域。

（2）天线的俯仰角：和基站的覆盖面积大小有关，通过调整天线的俯仰角可以改变基站服务区域的远近。

（3）天线的高度：和基站的覆盖面积大小有关。

（4）基站设备发射功率调整系数：通过调整此参数可以改变基站服务区域的大小和信号的强弱。

6.6.2 搜索窗尺寸

（1）Srch-Win-A：有效集和候选集的搜索窗口尺寸。Srch-Win-A 是移动台用来跟踪有效集和候选集导频的搜索窗口，应该根据传播环境进行设置，它要足够大能够捕获所有有用的导频信号，同时又不能太大而减少导频搜索时间。

（2）Srch-Win-N：相邻集的搜索窗口尺寸。Srch-Win-N 是移动台用来跟踪邻域集合导频的搜索窗口，通常情况下该窗口的尺寸比 Srch-Win-A 稍大，能够捕获服务基站所有有用的多径信号，而且还能够捕获可能的邻域的多径信号。

（3）Srch-Win-R：剩余集的搜索窗尺寸。Srch-Win-R 是移动台用来跟踪剩余集导频的搜索窗口，通常情况下该窗口的尺寸比 Srch-Win-N 相等或稍大。表 6-1 和表 6-2 分别为搜索窗的取值和设置值与实际窗口大小的对应关系。

表 6-1 搜索窗的取值

参数	取值范围	推荐值	备注
Srch-Win-A	0～15	5～7	
Srch-Win-N	0～15	7～13	
Srch-Win-R	0～15	7～13	优化后取 0

表 6-2 搜索窗的取值对应的设置值

搜索窗参数	对应的码片
0	4
1	6
2	8
3	10
4	14
5	20
6	28
7	40
8	60

续表

搜索窗参数	对应的码片
9	80
10	100
11	130
12	160
13	226
14	320
15	452

6.6.3 切换参数

（1）T_ADD：导频检测门限。只有一个导频信号的强度超过 T_ADD 时才有可能进入有效集。此门限值直接影响切换的比例，应尽可能小以便迅速增加有用导频避免降低话音质量或中断通话，同时它又不能太小，使有效集中导频过多而使强导频不能及时切换到有效集。

（2）T_DROP：导频丢失门限。当有效集中一个导频信号的强度小于 T_DROP，此导频将被移入相邻集。此门限应该比 T_ADD 小。它应足够小避免损失掉短衰落的强导频，同时它又不能太小以至删除有效集中有用的导频。

（3）T_TDROP：衰减定时器门限。当有效集中一个导频信号的强度小于 T_DROP时，移动台启动计时器，如果时间超过 T_TDROP 则进入相邻集，如果时间不超过 T_TDROP，此导频信号强度又超过 T_DROP 则仍在有效集，同时移动台关闭计时器。此门限应大于建立切换的时间，同时它不能太小而很快的删除有用的短衰落导频。

（4）T_COMP：门限比较。当有效集中 3 个导频已满，而候选集合中又有一个强的导频信号，则将这个导频信号的强度（P_c）和有效集中最弱的一个导频信号强度（P_a）相比较且：$P_c-P_a \geqslant$ T_COMP/2 时相互对调，否则不变。

此门限应足够小以便更快的切换，同时它又不能太小而切换频繁。如表 6-3 所示为切换参数的取值。

表 6-3 切换参数的取值

切换参数	取值范围	推荐值
T_ADD/dB	$-31.5 \sim 0$	-13
T_DROP/dB	$-31.5 \sim 0$	-15
T_TDROP/s	$0 \sim 15$	2
T_COMP/dB	$0 \sim 7.5$	2.5

6.6.4 功率控制参数

NOM_PWR：移动台接入的标称功率。

INIT_PWR：移动台接入的初始功率（补偿前、反向信道不相关造成的路径损耗，范围：$-16 \sim 15$dB）。

PWR_STEP：移动台接入的功率增量步长。

接入探针序列如图 6-5 所示。终端选择接入信道，以初始功率发送一个探针，等待确认响应超时计时器 FA 计满，再滞后 RT 时间，发送下一个试探，功率比上一个试探高 1 个步长：PI。

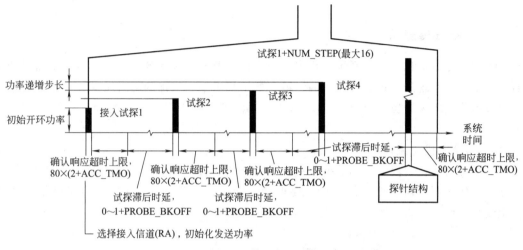

图 6-5 接入探针序列

6.6.5 接入参数

MAX _ RSP _ SEQ（移动台等待应答最大接入序列个数，1～15）。

NUM _ STEP（移动台最大接入探针次数，1～16）。

PAM _ SZ（移动台接入探测序列中报头帧最大量，0～15）。

MAX _ CAP _ SZ（移动台接入探测序列中消息体帧最大量，0～7）。

接入的流程如图 6-6 所示。

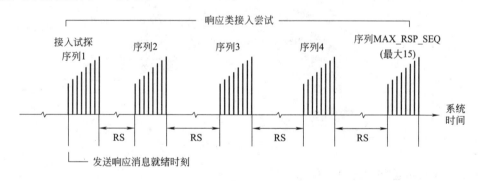

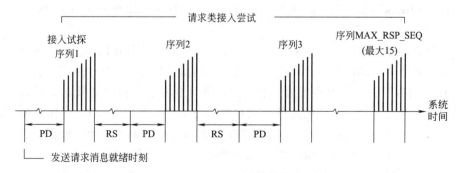

图 6-6 接入的流程

6.7 CDMA 2000 网络常见问题优化思路

6.7.1 无线覆盖优化

无线网络覆盖优化是全网系统优化中的一个最重要的阶段和基础工作。为了全面提升网络的覆盖水平，实现最合理的基站布局、最小的干扰水平和最优的网络质量等目标，应进行完善的覆盖优化。无线覆盖优化重点是控制导频污染，改善弱覆盖问题和优化越区覆盖问题等。

1) 无线覆盖优化流程

在无线覆盖优化阶段，包括数据采集、问题分析、优化调整实施 3 个部分。数据采集、问题分析、优化调整需要根据优化目标要求和实际优化现状，反复进行，直至满足优化目标。无线覆盖优化流程如图 6-7 所示。

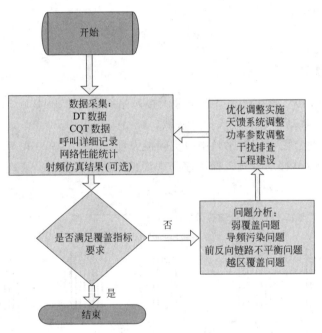

图 6-7 无线覆盖优化流程

2) 4 种无线覆盖问题分析与优化

通常包括弱覆盖问题分析、越区覆盖问题分析、前反向链路不平衡问题分析和导频污染无主导频问题分析。

(1) 弱覆盖问题分析与优化。弱覆盖问题分析是无线环境优化的重点，弱覆盖是指基站所需要覆盖面积大，基站间距过大，或者建筑物遮挡而导致边界区域信号较弱。当手机信号低于 -90dBm 时容易受到其他小区频点的干扰，并且容易引发过多的重选和切换，造成用户感知度降低。通常弱覆盖区越的判断依据包括以下现象：DT 和 CQT 指标显示 RxPower 弱、TxPower 高、Tx_Adiust 高，伴随前反向误帧率升高、通话断续、掉话；网络性能指标统计显示掉话率高、呼叫建立成功率低；查看呼叫详细记录可发现前向导频信噪比较差、手机接入距离远、导频强度测量报告中邻区信号导频信噪比较差、前反向误帧率较高等。

针对弱覆盖的解决方案主要有：检查小区扩容前后的合路器是否存在差异，弱覆盖区域是否存在干扰和电磁环境较差从而使整个区域底噪较高；小区天馈方向是否有接反现象，操作维护台是否有天馈的驻波告警和主分集接收告警信息；检查新增天线选型是否合理，安装是否满足要求，调整天线方向角、下倾角及天线挂高，更换高增益天线，采用小区分裂技术等；检查基站发信机机顶输出功率，基站的接收灵敏度是否正常等。

对于周边基站稀疏且信号交叠较小的覆盖空洞区域，应考虑新建基站，或通过调整周边基站的覆盖范围，增大信号覆盖交叠深度，保证合理的软切换区域。

对于楼体或山体阻挡造成的弱覆盖区，可通过增加 RRU、直放站等手段延伸覆盖。

对于地下车库、电梯、隧道等地点，通过建设室内分布方式进行补充覆盖。

（2）越区覆盖问题分析与优化。越区覆盖一般是指某些小区的覆盖区域超过了规划的范围，在其他小区的覆盖区域内形成不连续的主导区域。这种情况多数是由于基站天线挂高过高或者俯仰角过小等引起的，在越区覆盖区域手机能接收到较好的信号电平，周围的基站能够对该区域提供较好的覆盖。因此这种情况一般比较难以发现，通常可根据 DT/CQT 指标中的参数判断某区域是否存在越区覆盖，当 RxPower 正常、导频信噪比差、前向误帧率较高、TxPower 高，查看呼叫详细记录可发现用户接入距离过远，可判断该区域存在越区覆盖；也可利用模拟覆盖软件，根据天线的挂高、倾角、方向、发射功率、水平垂直方向的增益等参数，从理论上进行越区覆盖的判断。

引起越区覆盖问题的原因一般有以下几种。

① 高山站：由于地势较高，信号传播几乎无遮挡，能够覆盖到很远的地方。

② 天线参数不合理：基站天线挂高明显高于周围基站、天线下倾角较小。

③ 无线环境复杂：基站的信号经过江面或湖面的镜面反射，到达很远的地方，对远处造成干扰。

④ 基站布局不合理：基站距离过近等。

减少越区覆盖的办法主要是降低越区覆盖小区的信号强度，其次要重视基站规划阶段站址的选择，严格控制基站的天线挂高、方位角、下倾角、功率等参数。

对于越区覆盖，一般要注意两种情况。

一是越区信号覆盖的地方本身信号很弱，或周围基站因其他原因无法对当地提供足够的覆盖，可以考虑暂时不采取调整措施，待弱覆盖区域增加基站之后，再对越区覆盖的小区进行调整。

二是越区区域本身信号覆盖较好、周围的基站能够对该区域提供较好的覆盖。这种情况在网络中较为常见，是优化的重点。

一般通过降低越区覆盖小区信号强度的办法减少越区覆盖。

① 对于高山站，建议更换为有内置电下倾角的天线，并增加天线的机械下倾角。

② 调整天线：增大下倾角、调整方位角、降低天线挂高。

③ 降低导频信号增益或降低小区功率。

④ 对于布局明显不合理的基站，根据实际情况对其小区方位角进行调整，明显和周围基站覆盖有重叠大的扇区，可以考虑关闭，必要时更换站址。

（3）前反向链路不平衡问题分析与优化。前反向链路不平衡现象通常是由于网络负荷过高、链路存在干扰以及导频信道增益过高引起的。前反向链路不平衡有两种情况，一种是前向覆盖大于反向覆盖，另一种是反向覆盖大于前向覆盖，通常第一种情况占多数。当前向覆盖大于反向覆盖时一般表现为 RxPower 较好，TxPower 较差；而反向覆盖大于前向覆盖时表现为 RxPower 较差、Ec/Io 差，TxPower 较好。在通话过程中，如果当前服务小区的 Ec/Io 较好，移动台的接收电平较好，且移动台的发射功率先呈上升趋势，后停止在某一数值上，移动台的 TX ＿ GAIN ＿ ADJ 先呈上升趋势后保持不变。同时掉话前移动台的 FER 较高，掉话后在同一 PN 上进行重新初始化，则可判断该区域存在前反向链路不平衡问题。

解决前反向链路不平衡问题首先需检查基站的参数设置是否正常，包括导频增益值是否在正常范围内，反向搜索窗的大小设置是否合适。同时如果 DT/CQT 测试数据中 RSSI 明显偏高，则应及时查找干扰源并清除；调整基站天线的参数以及扇区的发射功率；对于带有直放站的基站，则应考虑直放站和施主基站间的距离过远而产生的延时，合理设置直放站前向增益，适当提高反向搜索窗大小。

（4）导频污染（无主导频）问题分析与优化。导频污染（无主导频）是指移动台激活集中有 4 个以上强度相当的导频信号，且这些导频与最佳导频的导频信噪比之差小于 6dB，但是没有一个足够强的主导频信号。由于 CDMA 是自干扰系统，导频污染会引起前向干扰严重，FER 升高。且移动台需要通过主导频从基站或扇区接收相关系统参数，则在导频污染情况下，移动台移动过程中，4 个导频的大小不断变化，主服务小区也随之不断变化，将对移动台的通话产生一定的影响，情况严重时会导致掉话。

导频污染产生的原因较多，一般有以下几种情况。

① 由于网络中站点分布结构设计不合理，某些区域被多个基站扇区覆盖，而在当地又没有主导频覆盖，就会造成导频污染。

② 基站天线挂高较高。如在市区基站密集的区域，基站天线较高的话，容易造成信号覆盖过远，产生导频污染。

③ 天线下倾角度设置不合理和天线类型不佳。比如一些没有上旁瓣抑制的天线，如果下倾角设置不合理，这样有可能使信号覆盖过远，产生导频污染。

④ 街道造成的管道效应、水面的反射等。道路两边的建筑物密集时，如果基站信号顺着街道方向传播容易产生管道效应，在其覆盖拉远区产生导频污染。

⑤ 直放站起到将信号放大、覆盖延续的功能，一旦使用不当，很容易造成导频污染。

⑥ 导频功率设置不合理。当基站密集分布时，若规划的覆盖范围小，而导频功率设置过大，覆盖范围大于规划的小区覆盖范围，也可能导致导频污染。

判断某区域是否存在导频污染的主要方法包括：用网络规划工具显示出问题区域的重叠导频数、各个导频及其来源；进行路测并用后台分析工具进行导频污染分析；DT/CQT 测试中，出现 4 个以上强度相当的导频，导频信噪比较差，误帧率较高，呼叫详细记录中 PSMM 消息出现 4 个以上强度相当的导频信息。

导频污染优化的基本思想是让导频污染区域出现主导频覆盖。目前主要采取减弱污染导频信号的强度和增强有用导频信号的强度的方法使第 4 个污染导频的强度超出导频污染的门限，从而达到消除导频污染的目的。一般通过调整系统的多种参数来实现，包括调整基站的发射功率，调整天线的方位角和下倾角等。

具体的优化方法要根据实际情况来进行。

对于高层建筑的导频污染现象，一般通过调整天线参数来解决。最好的解决方法是引入小区分布系统或者室内分布系统，增强室内主导频信号的强度。

对室外导频污染区域，要先排除越区覆盖信号的干扰。在消除越区覆盖后，如果当地仍然有导频污染，有以下优化方法。

① 如果导频污染区的信号强度 RxPower 比较差，而且用户较多，建议在该导频污染区域增加基站来解决问题。

② 如果导频污染区域的信号强度 RxPower 较强，建议首先考虑调整天馈系统参数，视其效果考虑调整基站发射功率。

调整内容可以包括以下内容。

天线的方位角、下倾角。适当调整天线的方位角，使该扇区到达导频污染区域的信号功率降低（或升高），从而使导频污染区内各个基站扇区的信号功率的差距加大，这样也可以达到创建主导频、消除导频污染的目的。

基站扇区的发射功率。调整基站扇区的发射功率同样要综合考虑对调整扇区周围基站的影响，因为在提高扇区发射功率的同时，也扩大了该扇区的前向覆盖范围；而在降低某扇区发射功率的同时，也会缩小该扇区的前向覆盖范围。

3）无线覆盖优化案例之导频污染优化案例

某市路营口道区域导频污染问题分析。

该区域与周围 5 个基站的距离都为 600m 左右，有多个导频对该区域进行了覆盖，由于没有一个较强主导频，导致该区域在接收电平接近 -80dBm 的情况下，信号质量并不是很好（$E_c/I_o<12$ 的区域较多），如图 6-8 所示。

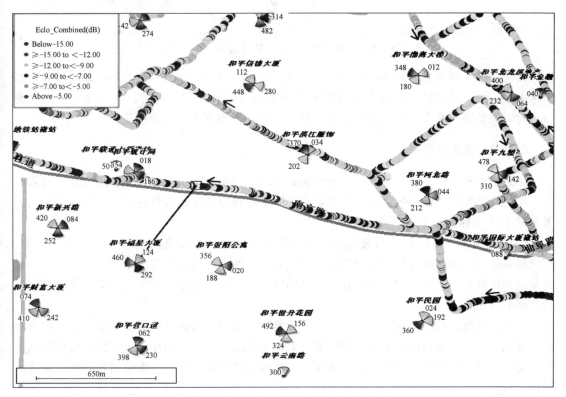

图 6-8　某市路营口道附近导频污染示意图

初步建议：调整 PN186/PN212 为该路段主导频，对其他导频覆盖范围进行控制。

方案实施后复测结果如图 6-9 所示。

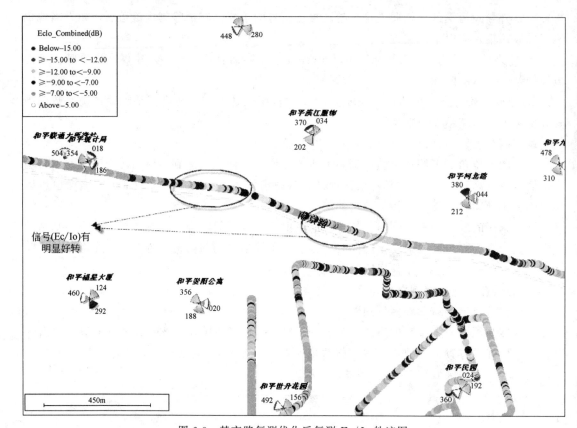

图 6-9 某市路复测优化后复测 E_c/I_o 轨迹图

优化小结：调整后 RxPower 稍有降低，E_c/I_o 基本上大于−9dB，效果比较明显。但在市区中心，用户量比较大，如果采用加站的方案，可以解决容量问题，也可以增强深度覆盖，同时调整缩小周围小区的覆盖范围，从而也增强了周围市区的深度覆盖。

6.7.2 掉话分析

掉话是指移动台在业务状态下，未按正常释放流程中断本次业务而直接进入系统搜索状态。掉话对终端用户的影响很大，因此运营商一般都将掉话率或者话务掉话比作为网络质量考核的 KPI 指标。

CDMA 网络中掉话的原因有很多，从全局来看，掉话主要是由前向干扰、覆盖不足、前反向链路不平衡、业务信道功率受限、接入和切换冲突等原因引起。通过信令分析可以很容易地判断掉话的直接原因，但要找出掉话的深层原因，以确定解决办法，需对路测数据进行仔细的分析。

一般是从路测数据中观察掉话前后的各种特征，如移动台掉话前后其发射功率、接收功率、导频 E_c/I_o、移动台发射功率调整值（TX_GAIN_ADJ）和导频 PN 的变化情况以及信令交互情况，再结合这些特征进行分析，找出掉话的真正原因。下面将对几种典型掉话情况进行分析。

1）前向干扰引起的掉话

根据前向干扰持续时间是否超过衰落计时器的设定值 5s（T5m）分为长时前向干扰掉话和短时前向干扰掉话。

（1）长时前向干扰掉话

【特征】

① 移动台的接收功率不断增加，导频信号的 E_c/I_o 不断下降，低于 $-15dB$。

② 前向 FER 增高。

③ 移动台的发射功率调整值 TX_GAIN_ADJ 的幅度保持平坦。

④ 以上现象持续 5s（T5m）后，移动台很快在另外一个导频上进行初始化或进入长时间的搜索模式中（掉话）。

【分析】

移动台接收功率不断增加，而导频信号的 E_c/I_o 不断下降，表明在前向链路上存在强干扰源。

前向链路的质量严重下降，导致移动台不能成功解调，FER 升高，当移动台连续收到 12 个坏帧后，移动台关闭发射机，启动衰落计时器（T5m），忽略反向闭环功控，TX_GAIN_ADJ 的幅度保持平坦。

由于前向干扰持续时间超过衰落计时器的设定值 5s（T5m），移动台未能在衰落计时器期满前连续收到 2 个好帧，未能重置衰落计时器，衰落计时器期满，移动台初始化，产生掉话。

如果移动台掉话后很快在另外一个导频上进行初始化，那么掉话是由于切换失败引起的，干扰源是 CDMA 系统中的这个可用导频信号，属于 CDMA 系统的自干扰。切换失败可能是由以下原因造成。

移动台没有向基站发送包含此可用导频的导频强度测量消息（PSMM）或发送很慢。可能的原因是搜索窗口太小、T_ADD 值太高或移动台的导频搜索太慢，导致移动台没有检测到此可用导频信号。可调整的参数有 SEARCH_WIN_A、SEARCH_WIN_N、SEARCH_WIN_R、T_ADD 和 PN_INC；

移动台向基站发送了包含此可用导频的导频强度测量消息（PSMM），但基站没有检测到。可能的原因是反向链路性能下降，反向 FER 太高，导致导频强度测量消息（PSMM）出错或丢失。

基站收到了移动台发送的含有此可用导频的导频强度测量消息（PSMM），但没有向移动台发送包含此可用导频的切换指示消息（HDM）或扩展切换指示消息（EHDM）。可能的原因是此导频不在邻集列表中（可做的调整是修改邻集列表，将此导频添加到邻集列表中），或切换准许算法有问题（如允许的软切换的路数过小，软切换的路数已达到允许的最大值，可做的调整是增大允许软切换的路数）。

基站向移动台发送了切换指示消息（HDM）或扩展切换指示消息（EHDM），但移动台没有检测到。可能的原因是前向高 FER 使切换指示消息（HDM）或扩展切换指示消息（EHDM）出错或丢失。

网络负载过大，切换率过高，导致资源不足。可能的原因有 T_DROP 太低、T_TDROP 太大等。

如果移动台掉话后进入长时间的搜索模式中，那么干扰源很可能是来自 CDMA 系统外部，而不是 CDMA 系统中的可用导频信号，这就需要检测前向频谱，找出干扰源并消除。

（2）短时前向干扰掉话

【特征】

① 移动台的接收功率不断增加，导频信号的 E_c/I_o 不断下降，低于 $-15dB$，但持续时

间很短，不超过衰落计时器的设定值 5s（T5m），而后移动台的接收功率又开始下降，导频信号的 E_c/I_o 又开始上升，在衰落计时器期满之前又恢复到 -15dB 以上。

② FER 增高。

③ 移动台的发射功率调整值 TX _ GAIN _ ADJ 的幅度保持平坦，在导频信号恢复到 -15dB 以上后，移动台的发射功率调整值 TX _ GAIN _ ADJ 的幅度仍然保持平坦。

以上现象持续 5s（T5m）后，移动台在同一个导频上重新初始化。

【分析】

在导频信号恢复到 -15dB 以上后，移动台的发射功率调整值 TX _ GAIN _ ADJ 的幅度仍然保持平坦，这表示移动台的发射机没有启动，也就是说移动台未能连续接收到 2 个好帧，衰落计时器仍在计时。这是因为基站的掉话机制已经启动，基站在不能收到移动台的反向信号后，认为已经掉话，停止在前向业务信道上发射信号。由于前向信号已经恢复，衰落计时器期满后，移动台在同一导频上初始化。

2）覆盖不足引起的掉话

根据覆盖不足持续时间是否超过衰落计时器的设定值 5s（T5m）分为长时覆盖不足掉话和短时覆盖不足掉话。

（1）长时覆盖不足掉话

【特征】

① 移动台接收功率和导频信号的 E_c/I_o 同时下降，移动台的接收功率基本上接近 -100dBm 或更低，导频信号的 E_c/I_o 低于 -15dB。

② 移动台的发射功率增大，一般会达到最大值。

③ FER 增高。

④ 移动台的发射功率调整值 TX _ GAIN _ ADJ 的幅度保持平坦。

⑤ 以上现象持续 5s（T5m）后，移动台初始化，进入长时间的搜索模式，可能要很长时间移动台才能重新找到网络（可能是在同一导频上，也可能是在新的导频上）。

【分析】

由于移动台接收功率和导频信号的 E_c/I_o 同时下降，可以判断是覆盖不足。

前向链路的质量严重下降，导致移动台不能成功解调，FER 升高，移动台关闭发射机，启动衰落计时器（T5m），忽略反向闭环功控，TX _ GAIN _ ADJ 的幅度保持平坦。

衰落计时器期满后，移动台初始化，但由于覆盖不足，所以需要很长的搜索时间才能重新捕获到网络。

（2）短时覆盖不足掉话

【特征】

① 移动台接收功率和导频信号的 E_c/I_o 同时下降，移动台的接收功率基本上接近 -100dBm 或更低，导频信号的 E_c/I_o 低于 -15dB，但持续时间很短，不超过衰落计时器的设定值 5s（T5m），而后移动台的接收功率和导频信号的 E_c/I_o 又开始增加，在衰落计时器期满之前导频信号的 E_c/I_o 又恢复到 -15dB 以上。

② 移动台的发射功率增大，一般会达到最大值。

③ FER 增高。

④ 移动台的发射功率调整值 TX _ GAIN _ ADJ 的幅度保持平坦，在导频信号恢复到 -15dB 以上后，移动台的发射功率调整值 TX _ GAIN _ ADJ 的幅度仍然保持平坦。

⑤ 以上现象持续 5s（T5m）后，移动台在同一导频上初始化。

【分析】

在覆盖变好，导频信号恢复到 -15dB 以上后，移动台的发射功率调整值 TX_GAIN_ADJ 的幅度仍然保持平坦，这表示移动台的发射机没有启动，也就是说移动台未能连续接收到 2 个好帧，衰落计时器仍在计时。这是因为基站的掉话机制已经启动，基站在不能收到移动台的反向信号后，认为已经掉话，已经停止在前向业务信道上发射信号。由于前向信号已经恢复，衰落计时器期满后，移动台在同一导频上初始化。

3）前反向链路不平衡引起的掉话

【特征】

① 移动台的接收功率和导频信号 E_c/I_o 都很强，移动台的发射功率达到最大。

② FER 增高。

③ 移动台的发射功率调整值 TX_GAIN_ADJ 的幅度保持平坦。

④ 以上现象持续 5s（T5m）后，移动台在同一导频上初始化。

【分析】

移动台的接收功率和导频信号 E_c/I_o 都很强，说明前向链路很好，而移动台的输出功率却已达到最大，说明反向链路很差。这表明前反向链路严重不平衡。出现此种情况的原因有以下几种。

反向链路存在强干扰。

用户过多造成反向链路阻塞，这主要是因为 CDMA 是自干扰系统（可以通过减小天线增益或调整天线下倾角和方向角缩小覆盖区，以减少用户数）。

基站发送的导频功率过高。

由于反向链路很差，经过一段时间之后，基站的掉话机制启动，基站放弃反向业务信道，停止发送前向业务信号，这时移动台的前向 FER 变得很高，当移动台连续收到 12 个坏帧后，移动台关闭发射机，启动衰落计时器（T5m），TX_GAIN_ADJ 的幅度保持平坦。

由于前向信号很好，衰落计时器期满后，移动台在同一导频上初始化。

4）业务信道发射功率受限导致的掉话

【特征】

① 移动台的发射功率、接收功率和导频信号的 E_c/I_o 均保持平坦，且移动台的发射功率未达到最大，移动台的接收功率和导频信号的 E_c/I_o 均足够强，均在门限值以上。

② 移动台的发射功率调整值 TX_GAIN_ADJ 的幅度保持平坦，持续 5s（T5m）后，移动台在同一导频上初始化。

【分析】

移动台的接收功率和导频信道的 E_c/I_o 都在门限之上，移动台的发射功率未达到最大，且移动台的接收功率、发射功率和导频信道的 E_c/I_o 均很平坦，没有恶化或变大的趋势，说明掉话是前向业务信道或反向业务信道功率受限引起的。

基站前向业务信道的功率有一定的范围，这个范围在基站侧设置，若这个范围设置不合理，会导致前向业务信道发射功率受限，造成前向业务信道的信号太弱，使移动台不能成功解调，导致掉话。

移动台反向业务信道功率的大小受限于反向闭环功率控制，若基站外环功控设置不合理，导致闭环功控目标值 E_b/N_o 不够大，反向业务信道发射功率受限，造成基站接收到反向业务信道的信号太弱,基站放弃反向业务信道,停止发送前向业务信号,导致掉话。

在这种情况下,要检查基站前向业务信道功率范围设置以及基站外环功率控制设置是否合理。

5)接入和切换冲突引起的掉话

【特征】

① 呼叫建立成功后随即掉话。

② 掉话之前移动台的接收功率不断增加,导频信号的 E_c/I_o 不断下降,低于 $-15\mathrm{dB}$,移动台的发射功率调整值 TX_GAIN_ADJ 的幅度 5s(T5m)内保持平坦。

③ 掉话后移动台在一个新的导频上初始化。

【分析】

由以上特征可知,移动台在接入过程中进入了切换区,由于 IS-95 系统不允许在接入过程中进行切换,使得移动台无法解调前向信号,关闭了发射机,造成掉话。在 CDMA 2000 系统中允许在接入过程中进行切换,所以不会存在接入和切换冲突的问题。

6.7.3　接续性能优化

无线接通情况直接关系用户的感知,因此要对接续性能进行重点优化,提高接通率,提升网络性能。

接续性能优化基本流程如图 6-10 所示。

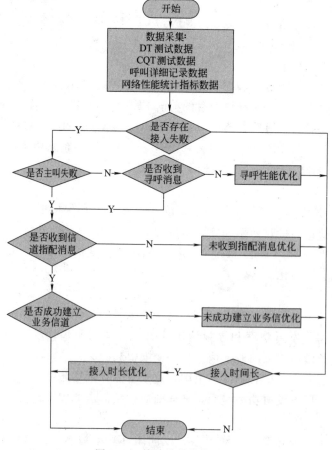

图 6-10　接续性能优化流程

1. 接续性能分析和优化

移动台接入分为起呼和寻呼两种，优化方法和流程基本相同，区别仅仅在于流程的最初阶段。起呼是移动台主动发出起呼消息（Origination Message），以此作为呼叫的起点。而寻呼是基站先发寻呼消息（Page Message）给移动台，移动台在接收到寻呼消息（Page Message）后需向基站发送寻呼响应消息（Page Response Message），以此作为呼叫的起点。如图 6-11 和图 6-12 所示是移动台起呼和寻呼响应流程。两图的中文注释可参考第 3 章第 2 节。

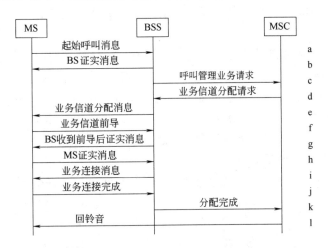

图 6-11　移动台起呼流程图

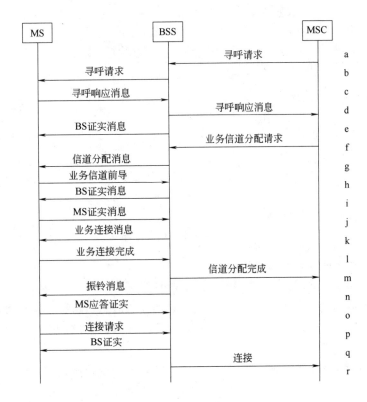

图 6-12　移动台寻呼流程图

移动台首先在反向接入信道上发送呼叫请求消息（Origination Message（起呼消息）或 Page Response Message（寻呼响应消息）），而后将经历接入过程的 5 个阶段，其中的任何一个阶段出现失败都将导致接入失败。

阶段 1：基站确认移动台的呼叫请求。基站通过 Ack Order（证实命令）对移动台的呼叫请求进行确认；在移动台接收到呼叫确认之前可能需要发送多次呼叫请求（Origination Message 或 Page Response Message）。

阶段 2：基站为移动台分配资源。基站建立一条前向业务信道，发送空业务帧，并向移动台发送信道指配消息。

阶段 3：移动台在接收到信道指配消息之后，开始试探获取前向业务信道。

阶段 4：当前向业务信道成功解调后，移动台开始在反向业务信道发送空业务帧。基站在成功获取反向业务信道之后，在前向业务信道上发送确认消息（BS Ack Order）。

阶段 5：基站向移动台发送业务连接消息（Service Connect message）。

下面以起呼流程为例描述接续性能分析和优化方法。

2. 未收到信道指配消息的分析

主要分两种情况：手机没有收到呼叫请求确认消息和没有收到信道指配消息，消息位置如图 6-13 划框处所示。

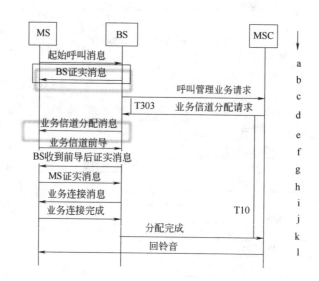

图 6-13　信道指配信令流程

1）手机未收到呼叫请求确认消息

手机没有收到呼叫请求确认消息一般有以下两种情况。

（1）呼叫请求次数达到最大限制，仍然没有收到确认消息，这种情况有可能是：

移动台的发射功率较低。需要检查移动台最后几次呼叫请求试探序列的发射功率是否达到最大值。

如果移动台发射功率已经达到允许的最大值，但是仍然没有接收到确认消息，一般由以下几种情况导致。

① 链路不平衡

• 强干扰阻塞了反向链路，反向链路的覆盖范围会收缩，而前向链路的覆盖并不受影响。

- 导频信道的增益设置得太高，造成前向覆盖范围远超过反向覆盖范围，反向信号不能被正确解调。

② 基站搜索窗口设置不合理。在反向覆盖很好的情况下，因为基站搜索窗设置不合理造成呼叫请求不能被检测到。

③ 接入参数设置不合理。如接入信道前缀太小造成基站不能正确解调接入帧。

（2）呼叫请求次数没有达到最大限制的情况，一般有以下两种原因。

① 系统丢失：如果呼叫请求次数没有达到最大限制，有可能在接入过程中发生了因覆盖问题或者导频污染问题造成的系统丢失，即 T40m 计时器超时后返回空闲状态。

② 接入和切换冲突：如果移动台在接入失败后重新初始化到相邻集中的一个新的导频上就意味着可能发生了接入和切换冲突情况，造成接入和切换冲突问题的原因主要有以下几种。

- 空闲切换区域太小或基站覆盖范围太小，手机在移动过程中频繁发生空闲切换，造成接入和切换冲突。
- 接入过程太慢造成在移动台在高速移动情况下发生接入和切换冲突。
- 寻呼信道增益太小造成公共信道覆盖范围过小，手机不能解调基站下发的接入确认消息。

2）手机未收到信道指配消息

移动台只有 12s（T42m）的时间等待信道指配消息，如果没有收到信道指配消息，移动台会返回空闲状态。可能的原因有以下几种。

- 覆盖原因：覆盖问题导致 E_c/I_o 恶化，不能正确解调寻呼信道消息。
- 前一次呼叫没有拆链：如果基站没有接收到移动台的链路释放消息或者消息丢失，交换机会在一段时间内认为移动台仍然处在通话状态。在这种情况下，如果用户在结束通话之后很快发起第二次呼叫，那么交换机不会为移动台分配第二条业务信道。
- 资源不足：当基站的信道单元、Walch 码、功率和传输等资源不足时，基站将拒绝为移动台分配业务信道。

3. 未收到信道指配消息的优化

1）手机未收到呼叫请求确认消息

（1）呼叫请求次数达到最大限制。检查移动台最后几次呼叫请求试探序列的发射功率是否达到或接近手机发射功率的最大值，如果并没有达到最大，说明有可能是接入参数设置不太合理，需要检查这几个参数是否在正常范围之内。与之有关的接入参数有以下几种。

INIT_PWR：手机初始发射功率偏置，一般取值范围是 $-6\sim6dB$，如果是密集市区，可以适当取小一些，如 $-3dB$，使在密集市区的话务高峰期的网络整体的反向干扰处在一个较低的水平，增加网络的容量。如果是郊区，话务较小的地方，可以取大一些，如 3dB，通过增加手机的发射功率，增强手机的接入能力。

PWR_STEP：功率增加步长，一般设置范围为 $2\sim6$，设置的大小要和 NUM_STEP 同时考虑。在密集城区或话务量很高的区域，建议 PWR_STEP 设置小一些，NUM_STEP 设置大一些，这样手机每次接入探针的增量较小，但探针数会增加，在确保接入的基础上尽量降低反向干扰，如 PWR_STEP 设置为 2，NUM_STEP 可以设置为 6。

NUM＿STEP：设置范围一般是 3～6。NUM＿STEP 设置得高，可以提高接入概率，但会增加接入时间；NUM＿STEP 设低，将降低接入概率。

MAX＿REQ＿SEQ：最大请求接入序列，一般设置为 2 或 3。

MAX＿RSP＿SEQ：最大响应接入序列，一般设置为 2 或 3。

（2）呼叫请求次数没有达到最大限制

• 因覆盖差或导频污染造成的系统丢失。优化方法参见覆盖优化相关章节。

• 接入和切换冲突。一般优化手段有：通过调整基站覆盖的方法来调整切换区域或者优化接入参数。

2）手机未收到呼叫请求确认消息

针对因信号质量差导致接收不到信道指配消息的情况，可以优化网络覆盖或可以调整信道分配消息消息的重发次数，提高信道指配消息成功接收概率。

针对容量不足，需要通过 OMC 进行统计，找出资源拥塞的小区，针对拥塞的原因进行相应的优化。

4. 未成功建立业务信道的分析

从业务信道建立信令流程（图 6-14）上看，在 BSC 发送了信道分配消息后出现接入失败有 3 种情况：手机没有成功获取前向 Null 帧、手机未能收到反向业务信道确认消息、基站未能成功捕获反向 Preamble 帧。在实际网络中移动台没有捕获前向 Null 帧和基站未能捕获反向 Preamble 帧所占比例最大，原因分析如下。

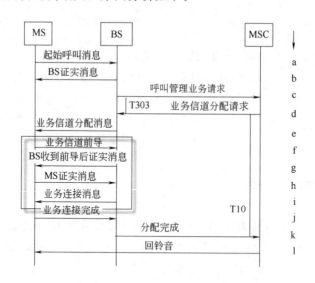

图 6-14　业务信道建立信令流程

（1）弱覆盖、覆盖盲区、前反向链路不平衡、导频污染等原因造成业务信道建立失败。

（2）参数设置不合理

• 搜索窗设置不合理：需要注意的是，与前述接入过程不同，当基站捕获反向 Preamble 帧时，开始使用的是反向业务信道搜索窗，如果此参数设置不合理，将造成接入失败。

• 功率控制参数设置不合理：在接入过程中前向业务信道发射功率由前向基本信道初始发射功率参数控制，如果此参数设置较低，移动台成功捕获 Null 帧的概率就会低，造成接入失败。基站在收到 MS Ack Order 后开始启用前向快速功率控制参数，如果参数设置不合理，同样会造成接入失败。

5. 未成功建立业务信道的优化

（1）网络覆盖问题：参见无线覆盖优化相关章节。

（2）参数设置问题

• 搜索窗设置问题：参见搜索窗的设置。

• 功控参数设置：初始业务信道功率由初始业务信道功率参数控制，适当提高前向初始发射功率，能够提高前向信道解调的成功率，进而提高接入成功率，但提高前向初始发射功率会降低系统容量，因此需要综合考虑网络负荷等情况进行调整。

6. 寻呼性能分析及优化

1）影响寻呼性能的常见问题

位置更新不及时：被叫手机频繁在两个 MSC 边界处移动，由于位置更新不及时，造成寻呼失败。

LAC（位置区）和 REG_ZONE（登记区）对应关系错误：由于误配，导致 REG_ZONE 对应了多个 LAC，手机在 LAC 区发生变化的情况下，不能及时进行登记，导致寻呼失败。

覆盖问题：由于被叫手机所处区域的覆盖问题导致寻呼失败。

寻呼信道过载：在寻呼信道过载的情况下，部分寻呼信道消息被系统抛弃，造成寻呼性能下降。

2）寻呼性能优化手段

（1）位置更新不及时。对于这个问题，尽量通过合理的站点规划、合理的基站覆盖，缩小交界区，同时交界区尽量设在用户少的地方，使这种影响尽量降低。

（2）LAC 和 REG_ZONE 对应关系错误。LAC 和 REG_ZONE 的关系是：一个 LAC 可以包含多个 REG_ZONE，但是一个 REG_ZONE 只能对应一个 LAC。

（3）覆盖问题。由于被叫手机的覆盖问题导致寻呼失败，请参考无线覆盖优化章节中的相关内容。

（4）寻呼信道过载，可以采用以下手段。LAC 区规划过大，导致寻呼量较大，应对比较大的 LAC 区进行分裂。

LAC 区边界位于高话务区域或人流量较大的交通要道，导致位置更新频繁。考虑优化 LAC 边界。

检查交换侧的寻呼策略是否合理。

检查当前网络是否打开了 BSC 级别的 ECAM 重发机制，如果有寻呼信道过载，建议取消这个功能。

现在网络中存在大量的短消息，特别有很多超长短消息，建议在交换侧进行设置，限制使用寻呼信道传送短消息的大小。

7. 接续时长分析及优化

接续时长直接影响用户对网络的感知，因此降低接续时长对改善用户感知具有重要意义。接入时长主要由交换和无线两个部分的处理时延组成。

交换方面主要涉及寻呼成功率，如果系统的寻呼成功率不高，二次寻呼的比例就会上升，而发生二次寻呼的呼叫所需接续时长比正常情况下要多 5～10s。

无线方面的因素包括以下几种。

① 无线环境的影响。无线环境的好坏对接续时长有很大的影响，无线环境差与环境好的情形相差平均在 1.5s 左右。在导频污染较严重的地点，主叫接入时长和被叫寻呼响应时间都有明显的增长。

② 接入参数。合理设置接入参数可以减少接入试探的次数，从而减少主叫接入和被叫寻呼响应的时间，这需要通过优化接入参数来实现。

接续时长优化可通过提高覆盖和合理设置接入参数进行。

思考题

一、多选选择题

1. 话务阻塞可能对网络性能带来的影响是（　　）。
　　A. 接入困难　　　　　B. 掉话率增高　　　　C. 语音质量下降　　　D. 呼叫成功率增高

2. CDMA 属于干扰受限系统，无线干扰的增加可能影响到系统的（　　）。
　　A. 容量　　　　　　　B. 覆盖　　　　　　　C. 呼叫成功率　　　　D. 掉话率

3. 对于 CDMA 网络，小区的前向覆盖半径和（　　）因素有关。
　　A. 前向发射功率　　　　　　　　　　B. 路损因子
　　C. 系统的接收机灵敏度　　　　　　　D. 周围是否存在移动 GSM 网络

4. 通常说来，CDMA 系统空口反向容量是（　　）受限，前向容量是（　　）受限。
　　A. CE 单元　　　　　B. 功率　　　　　　　C. Walsh 码　　　　　D. 干扰

5. 软切换相关参数有（　　）。
　　A. T_ADD　　　　　B. T_DROP　　　　　C. T_TDROP　　　　D. T_COMP

6. 下面对于 DT 测试路线要求的描述正确的是（　　）。
　　A. 测试路线必须在规划覆盖范围内
　　B. 测试路线尽量避免重复同一段路程
　　C. 尽量经过覆盖区域内的不同地貌
　　D. 尽量跑遍规定的覆盖区域

7. 下面关于路测分析法优点的描述正确的是（　　）。
　　A. 了解整个覆盖区域的信号覆盖状况
　　B. 通过分析软件对路测数据的处理，哪些区域信号覆盖质量好，哪些区域信号覆盖质量差
　　C. 可以准确记录在路测过程中各个事件发生时的实际信号状况
　　D. 可以直接观察覆盖区域的地物地貌信息，了解信号的实际传播环境

8. 话务阻塞问题可以采用的解决方案包括（　　）。
　　A. RF 优化　　　　　B. 小区分裂　　　　　C. 增加载频　　　　　D. 增加信道数量

9. 城区 CQT 测试一般需要包括的地点有（　　）。
　　A. 高档写字楼
　　B. 政府机关和运营商办公区和相关人员居住区
　　C. 重要商业区、重要酒店及其他大型活动场所
　　D. 景点、机场、火车站、汽车站、客运码头等人流量很大的地点

E. 以上都是

10. 话音业务覆盖率一般不包含（　　）等因素。

　　A. RX 分布　　　　　B. TX 分布　　　　　C. TX _ ADJ 分布　　D. E_c/I_o 分布

二、简答题

1. 常见的覆盖问题分为弱覆盖问题、导频污染问题以及切换问题，分别掌握它们的概念以及可能引起的不良后果，并且能够从 RF 优化的角度提出解决措施

2. 越区覆盖可能导致的不良后果是什么？

3. 如何判断前向链路是否良好？

第7章 实训：鼎立软件的安装及其使用

Dingli 软件是一套无线网络测试与分析软件，由前台软件与后台软件组成。前台软件为 Pioneer，后台软件为 Navigator。前台软件可用于数据的采集和回放，后台软件可用于数据分析。

实训一　鼎立前台路测软件的安装

（1）鼎立前台路测软件安装方法如下。

双击安装包中的"Pilot Pioneer3.6.1.35 文件"，出现如图 7-1 所示的对话框。

图 7-1　鼎立前台路测软件安装向导

单击"下一步"按钮：选择我同意，然后单击"下一步"按钮选择安装目录。

安装结束后，会自动弹出如下提示，要求安装两个软件 MSXML 4.0 SP2 和 WinPcap 4.0.2，这两个软件是每次安装 Pilot Pioneer 软件都要重新安装的，依次单击"下一步"按钮安装，直至最后单击 Finis 按钮完成 Pioneer 的安装。

在"我的电脑"中找到软件安装目录，将 pioneer 补丁文件复制至 Pilot Pioneer 3.6.1.35 的根目录下，然后即可双击 Pioneer.exe 运行软件。

（2）GPS 驱动的安装方法如下。

单击"GPS 驱动"文件夹中的 auto.exe 文件，出现如图 7-2 所示的对话框。

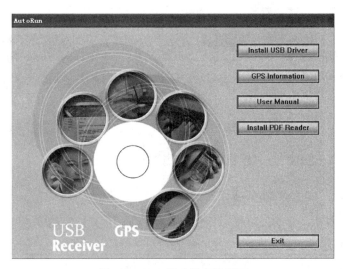

图 7-2 GPS 驱动的安装界面

单击 Install USB Driver 按钮，选择合适的文件安装即可。

（3）测试手机 LG KX206 驱动安装方法如下。

连接测试手机 LG KX206，按照系统提示，在指定文件夹中搜索合适的驱动文件自动安装即可。

实训二 鼎力前台测试软件的使用方法

1. 新建工程

（1）单击"新建工程"按钮，如图 7-3 所示。

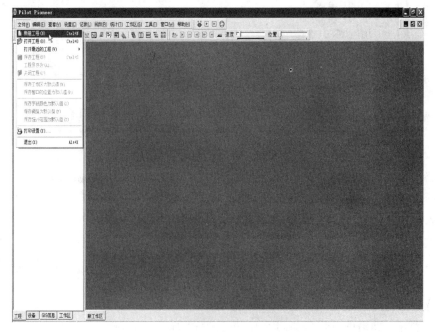

图 7-3 "新建工程"界面

（2）如图 7-4 所示，选择存储路径。

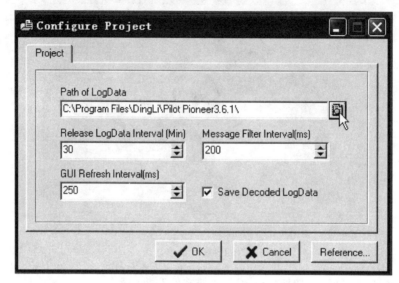

图 7-4　选择存储路径

（3）选定需要将文件存储的路径，如图 7-5 所示。

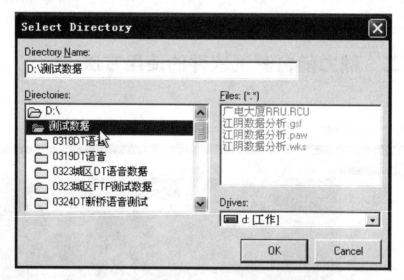

图 7-5　选择存储路径

（4）路径选择完以后的界面如图 7-6 所示，只需要再单击 OK 按钮即可。

（5）新工程建立以后的画面如图 7-7 所示。

2. 导入地图

（1）选择"编辑"→"选择地图"→"导入"菜单项，如图 7-8 所示。

（2）选择需要导入的地图格式，通常使用的是 MAP Info Tab Files 格式的地图，如图 7-9 所示。

（3）选择需要导入的地图，如图 7-10 所示。

（4）地图导入前后的对比，如图 7-11 和图 7-12 所示。

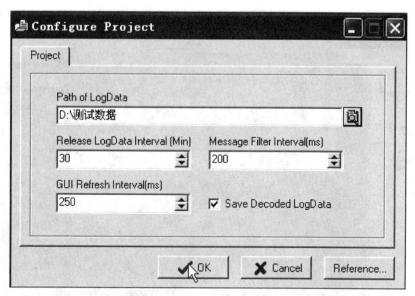

图 7-6　路径选择完以后的界面

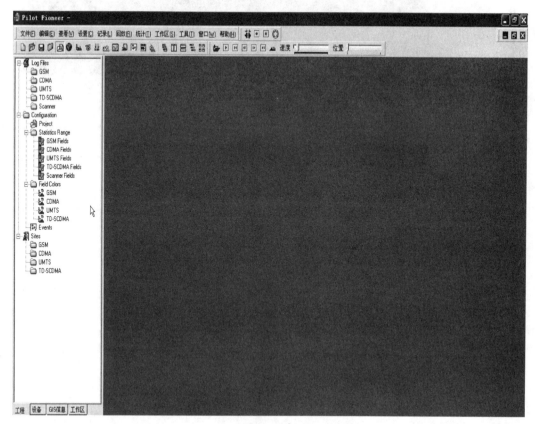

图 7-7　新工程建立以后的画面

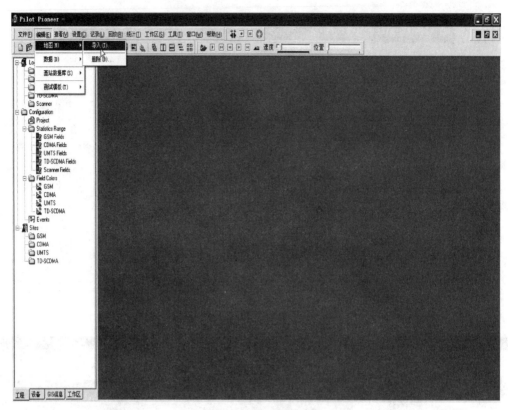

图 7-8　导入地图菜单

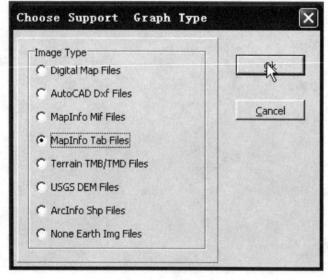

图 7-9　地图格式

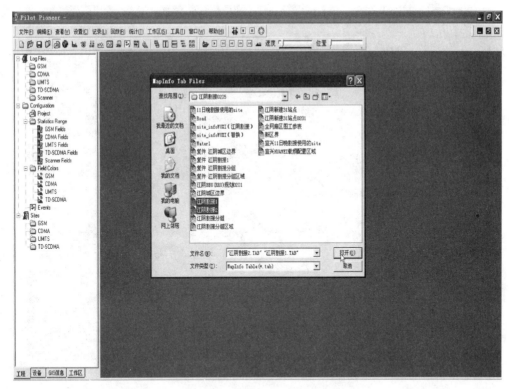

图 7-10 选择需要导入的地图

图 7-11 地图导入前

图 7-12　地图导入后

3. 导入基站数据库

（1）选择"编辑"→"基站数据库"→"导入"菜单项，如图 7-13 所示。

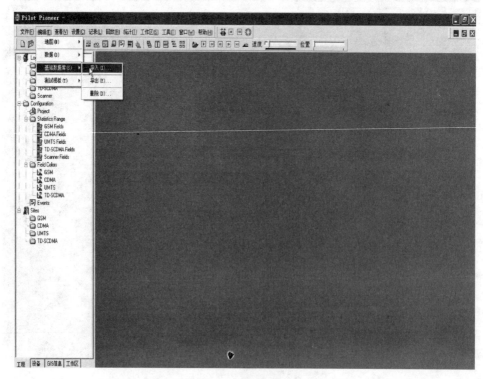

图 7-13　"导入"选项

（2）选择需要导入的基站格式，如图 7-14 所示。

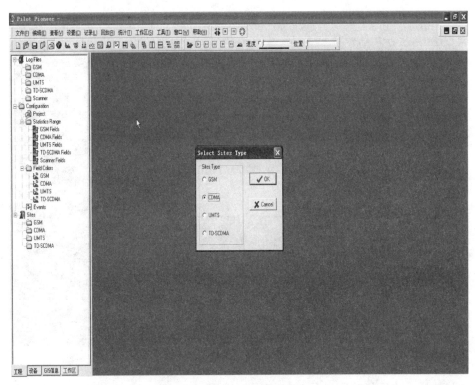

图 7-14　导入基站格式

（3）选定需要导入的基站文件，如图 7-15 所示。

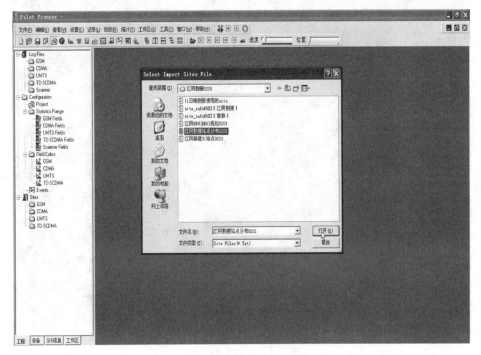

图 7-15　选定需要导入的基站文件

（4）基站导入成功后的画面如图 7-16 所示。导航栏中 sites 的 CDMA 项前面多了加号。

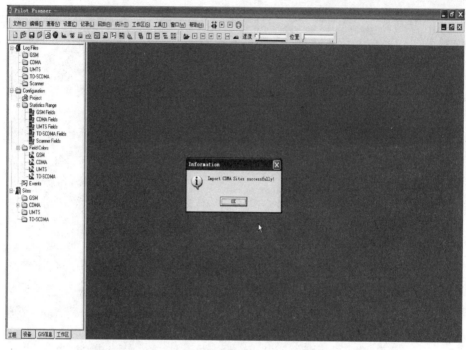

图 7-16   导入成功

（5）基站导入前后的对比如图 7-17 和图 7-18 所示。

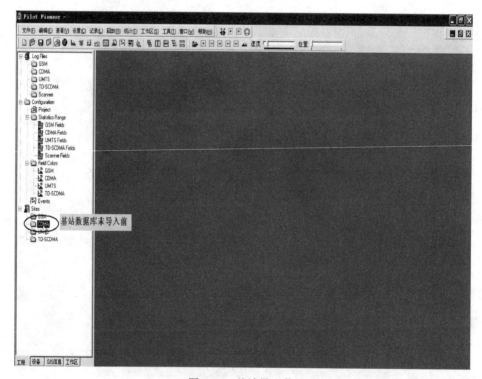

图 7-17   基站导入前

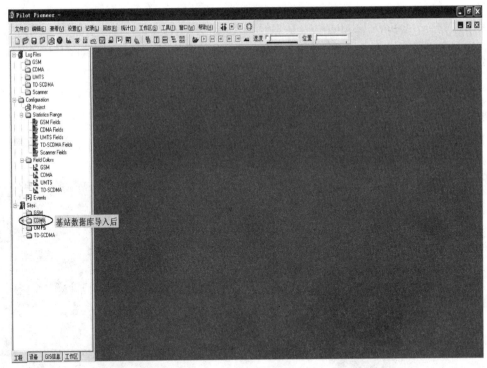

图 7-18　基站导入后

4. 设定设备端口

（1）选择"设置"→"设备选项"菜单项，如图 7-19 所示。

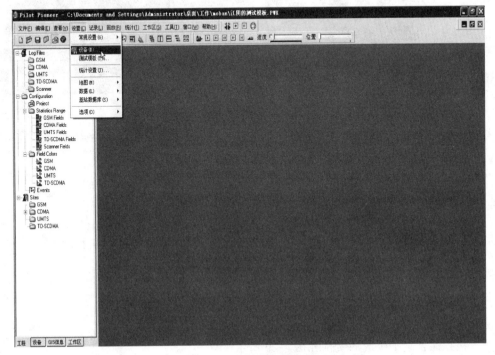

图 7-19　选择"设备选项"

（2）选择设备的"连接端口"如图 7-20 所示。在 Test Device Configure（设备端口配置）中添加信息，Device Modle 一栏添加设备型号，Device Port 一栏添加设备端口号。端口号的值可以在将设备与电脑的 USB 口连接后，从本界面的 System Ports Info（系统端口信息）一栏查看。为了避免发生端口配对错误，建议连接 GPS 后，配置 GPS 的端口；之后连接手机，再查看配置手机端口。注意手机要配置 2 个端口：一个是 Device Port；另一个是 AT Port。

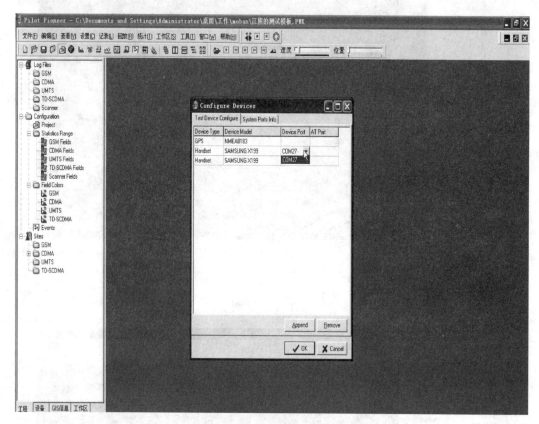

图 7-20 选择"连接端口"

5. 建立模板

（1）选择"设置"→"测试模板"菜单项如图 7-21 所示。

（2）命名测试模板，如图 7-22 所示。

（3）语音测试模板选择 Dial 选项如图 7-23 所示。

（4）选择语音测试的类型如图 7-24 所示。

（5）根据需要设置"呼叫建立间隔""呼叫时长""呼叫建立等待时间"和需要"呼叫的号码"，如图 7-25 和图 7-26 所示。

6. 测试开始

（1）模板建立完成后单击"连接设备"按钮，如图 7-27 所示。

（2）连接好以后，单击"开始记录"按钮，如图 7-28 所示。

（3）在存储目录下生成的文件如图 7-29 所示。

（4）在第一次记录数据时需要单击 Advance 按钮，调用测试模板，如图 7-30 所示。

（5）在 Advance 中将新建的模板选中，如图 7-31 所示。

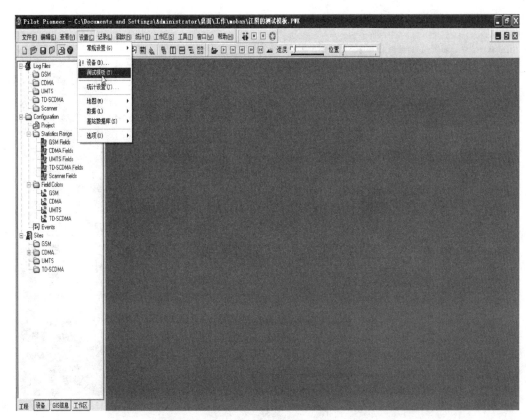

图 7-21 选择"测试模板"

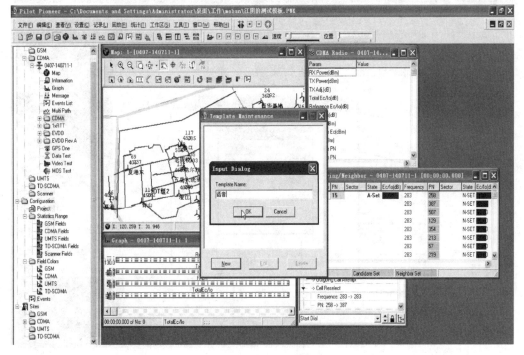

图 7-22 命名测试模板

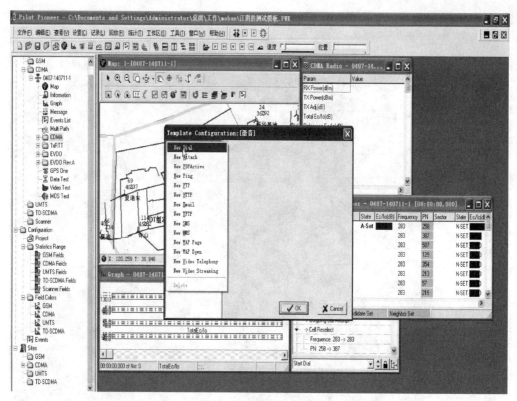

图 7-23　选择 Dial 选项

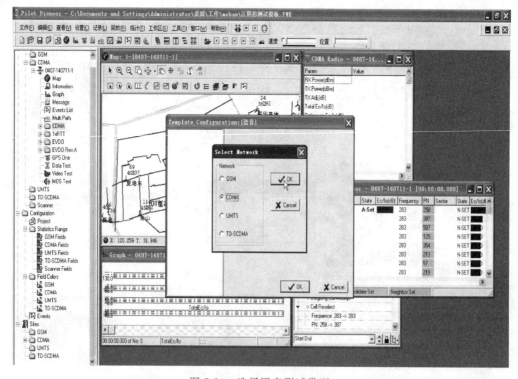

图 7-24　选择语音测试类型

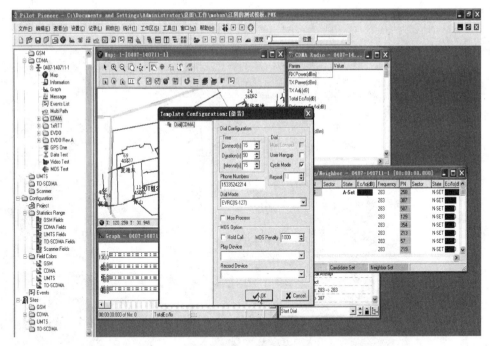

图 7-25　语音设置

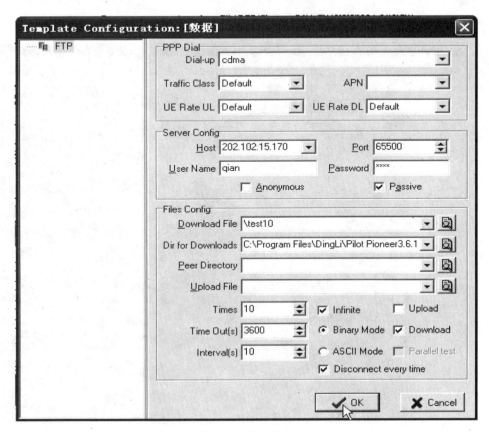

图 7-26　数据设置

图 7-27　单击"连接设备"按钮

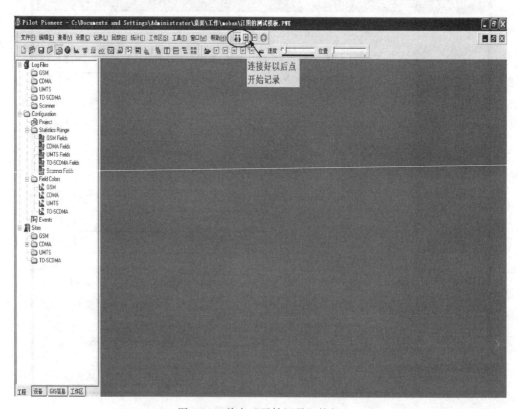

图 7-28　单击"开始记录"按钮

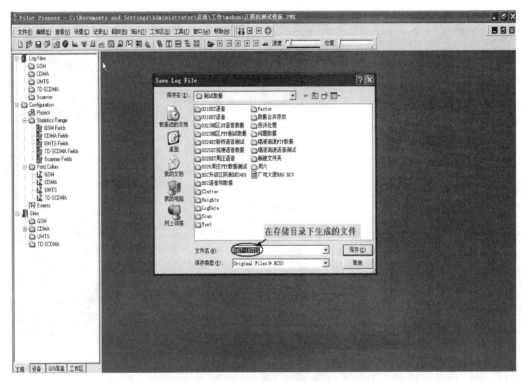

图 7-29 生成文件

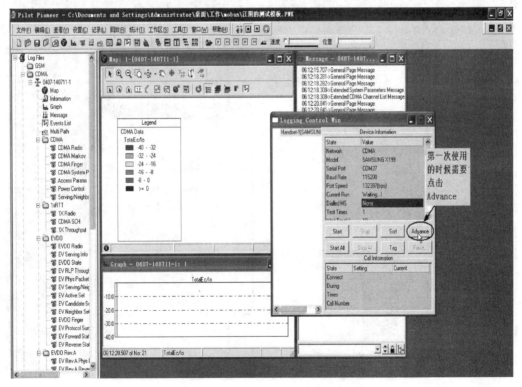

图 7-30 单击 Advance 按钮

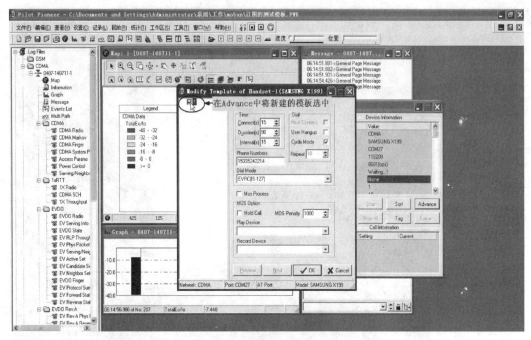

图 7-31　选择新建的模板

（6）单击 Start 按钮，开始起呼，如图 7-32 所示。

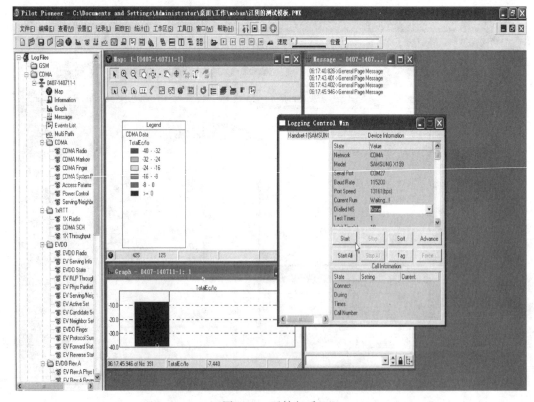

图 7-32　开始起呼

（7）将 CDMA 选项拖拽至测试窗口中，以便在测试窗口中看到基站，如图 7-33 所示。

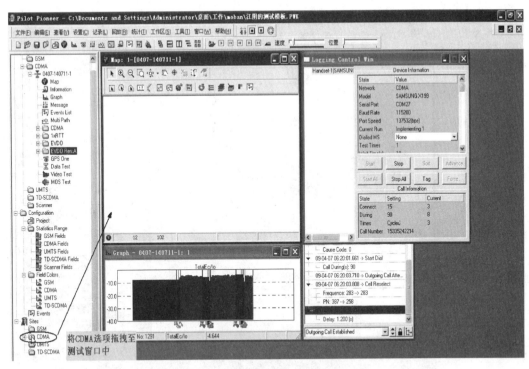

图 7-33　在测试窗口观察基站

（8）在 GIS 信息选项中拖拽 vector 选项至测试窗口中，如图 7-34 所示。

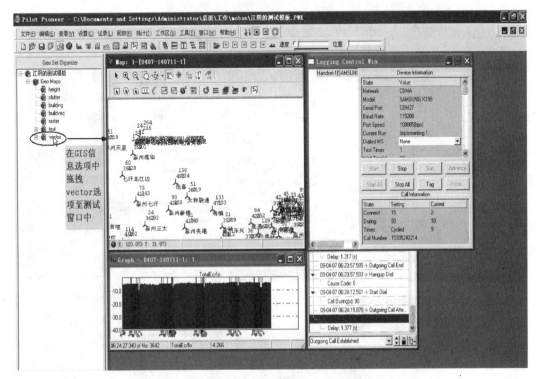

图 7-34　将 vector 选项拖至测试窗口

（9）地图和基站数据库拖入测试窗口中后的画面，如图 7-35 所示。

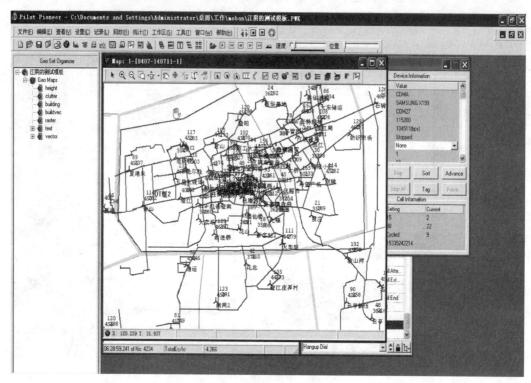

图 7-35　地图和基站数据库

（10）测试中需要关注的指标 CDMA Radio，如图 7-36 所示。

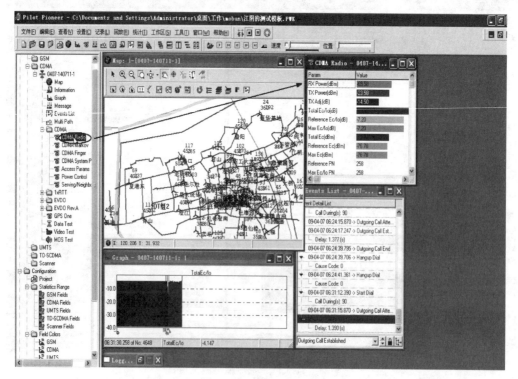

图 7-36　CDMA Radio

主要的几个参数有：Rx Power，接收信号强度；Tx Power，手机发射功率；Totle E_c/I_o，总的载干比（既可以表示覆盖也可以表示画质）；FFER，前向误帧率。

（11）测试中需要关注的指标"Serving"：Serving/Neighbors 窗口如图 7-37 所示。

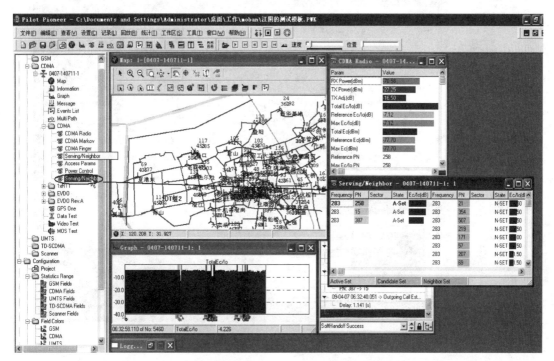

图 7-37　Serving/Neighbors 窗口

服务小区和邻区窗口。主要显示服务小区和邻区的参数对比。

各参数的含义：Frequency，频点；PN，PN 短码；Sector，小区；Distance，服务小区与移动台的距离；State，状态集；E_c/I_o，载干比。

其中在 State 中，分为：A_set（有效集）；C_set（候选集）；N_set（相邻集）；R_set（剩余集）。

有效集是指与手机连接的业务信道所对应的导频集合；候选集是指导频信号足够强，手机可以成功解调随时可以进入的导频集合；相邻集是指当前不在 A_set 和 C_set 但可能进入 A_set 和 C_set 的导频集合；剩余集是指除以上集合的导频集合。

在 A.set 中，如果有三个以上的强导频信号，接收信号强度大于−95dB，最强与最弱的差值<6dB，则称为导频污染现象。

（12）测试中需要关注的指标 Graph，在 Graph 窗口中右击后出现的画面如图 7-38 所示。

（13）单击 Field 后选择测试中需要关注的四项指标 RxPower、TxPower、FFER、TotalE_c/I_o 如图 7-39 所示。

（14）选择完四项指标后在 Graph 中出现的画面如图 7-40 所示。

（15）测试结束以后单击"停止记录"按钮，如图 7-41 所示。

（16）停止记录以后单击"断开连接"按钮，测试结束，如图 7-42 所示。

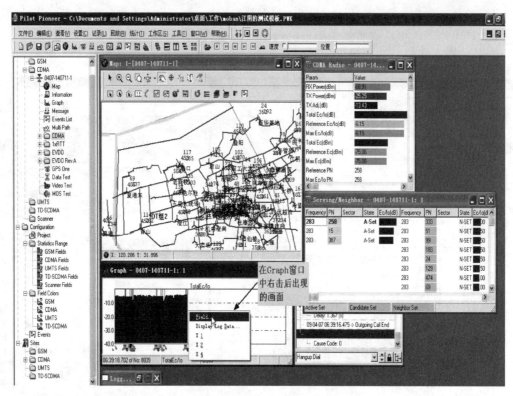

图 7-38   在 Graph 中右击

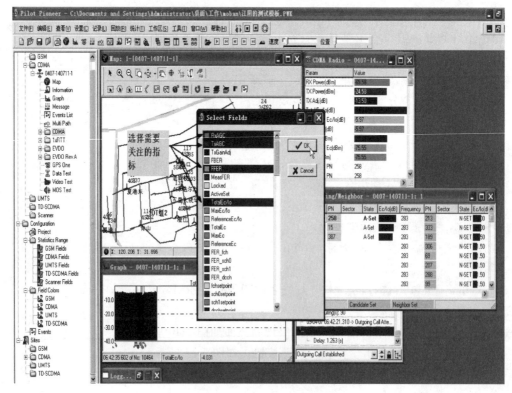

图 7-39   选择需要关注的指标

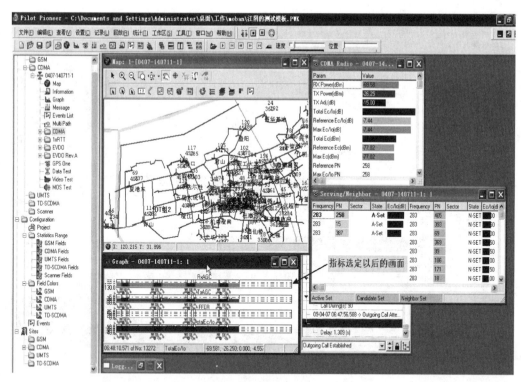

图 7-40　指标选择完成

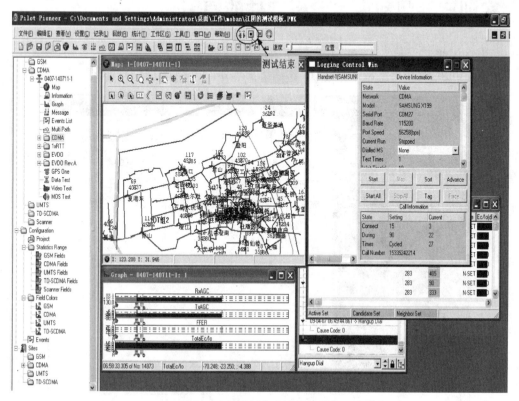

图 7-41　单击"停止记录"按钮

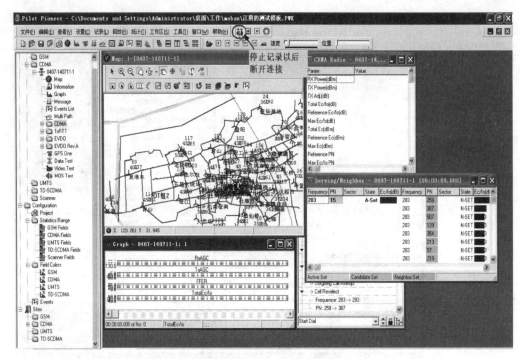

图 7-42   测试结束

实训三   鼎利后台分析软件的使用

1. Navigator 的安装

Navigator 的安装，单击 Navigator 文件，出现如图 7-43 所示的对话框。

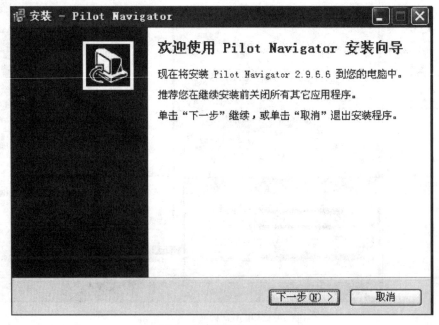

图 7-43   安装 Navigator

单击"下一步"按钮，直到显示安装完成，如图 7-44 所示。

图 7-44 安装成功

下面对 Navigator 软件使用进行说明。Navigator 软件可以对日志文件进行回放，还可以对日志文件进行各种统计。界面如图 7-45 所示。

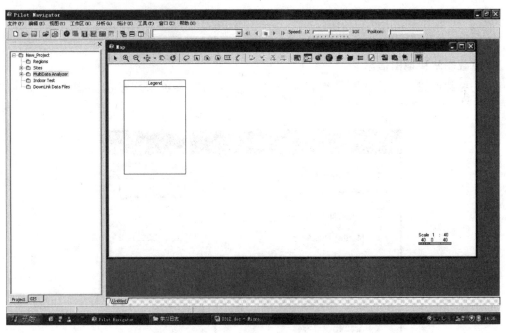

图 7-45 Navigator 的界面

2. 加载数据文件

选择"编辑"→打开"数据文件"菜单项，选择想要打开的数据文件。单击 按钮，出现如图 7-46 所示的对话框，将 Datas 下的文件名打钩，单击 OK 按钮。

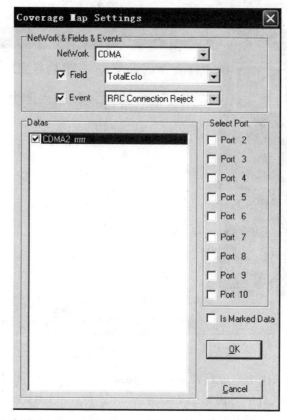

图 7-46 设置 Datas

最后将 Project 中的数据文件拖入地图，完成。

3. 加载基站和地图信息

首先加载地图信息。选择"编辑"→"导入地图"菜单项，显示如图 7-47 所示的对话框。

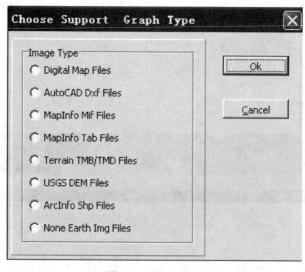

图 7-47 导入地图

选择 MapInfo Tab Files，单击 OK 按钮，选择要加载的地图文件，打开。单击 按钮，在 Text 和 Vector 前打钩，单击 OK 按钮，地图加载完毕如图 7-48 所示。

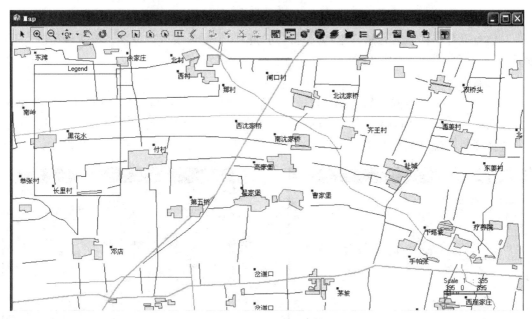

图 7-48　地图加载完毕

接下来加载小区信息。选择"编辑"→"导入基站"菜单项，打开想要加载的基站信息，然后，将加载的左侧的基站信息拖入地图如图 7-49 所示。

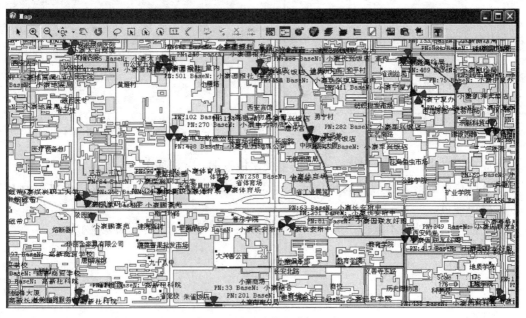

图 7-49　将基站信息拖入地图

4. 回放设置

回放设置所用的工具栏如图 7-50 所示。

单击中的按键可对数据回放进行开始，停止，速度，进程等进行设置。

图 7-50   回放设置工具栏

与前台软件一样，后台软件也可以对区间分段阀值和连线进行设置，与前台类似，不再重复。

5. 对数据进行统计

后台软件还可以对测得的数据进行统计。选择"统计"→"自定义统计报表"菜单项，出现如图 7-51 所示的对话框：

选择要进行统计的数据文件，单击 OK 按钮，如图 7-52 所示。

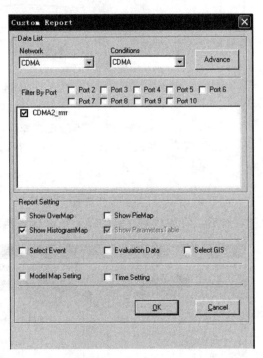

图 7-51   Custom Report 对话框   图 7-52   选择数据文件

生成自定义统计报表。同样，也可以生成评估报表，方法同上。

还可以执行数据文件的合成和分割。选择"工具"→"合并文件"或"按设备分割文件"菜单项即可。

除了进行统计外，本软件还提供弱覆盖分析、导频污染分析等分析功能。

附录 部分思考题参考答案

第 1 章

一、单选选择题

AAAAB　AADDD　AAAAB　BCABB　ABBBB　CCCCA　CBDC

15. 注解：$10 \times \lg(1.2288M/9.6KB) = 21dB$

16. 注解：在反向 CDMA 信道中，长度为 $2^{42}-1$ 的 m 序列被用作直接扩频，每个用户被分配一个 m 序列的相位，这个相位是由用户的 ESN 计算出来的，这些相位是随机分别且不会重复的，这些用户的反向信道之间基本是正交的。

17. 注解：在前向信道中，长度为 $2^{42}-1$ 的 m 序列被用作对业务信道进行扰码（注意不是被用作扩频，在前向信道中使用正交的 Walsh 函数进行扩频）。

18. 注解

CDMA 有 7 个中心频点：37，78，119，160，201，242，283。

CDMA 分上行，下行，上行是 $825 \sim 835MHz$，下行 $870 \sim 880$ MHz；4、上行就是反向，下行就是前向。

中心频点计算公式：上行：$825 + 0.03 \times N$，下行：$870 + 0.03 \times N$，单位是 MHz。

CDMA 2000-1x 网络一个频点的带宽 1.25MHz。

综上所述，283 频点对应的下行频段为 $[(870 + 0.03 \times 283 - 1.25/2)$ MHz，$(870 + 0.03 \times 283 - 1.25/2)$ MHz]。

23. 注解：在前向信道中，长度为 $2^{42}-1$ 的 m 序列被用作对业务信道进行扰码（注意不是被用作扩频，在前向信道中使用正交的 Walsh 函数进行扩频）。

31. 注解：Rake 接收机是手机的，也就是手机收到多路信号时进行的处理，选择：最大比合并；在 BSC 侧，对多路 BTS 帧进行选择处理，选最好的，所以是选择性合并。

二、判断题（说明：T 为"对"，F 为"错"）

TFFTF　TTFFF　F

三、填空题

1. 远近效应

2. 基站和移动台（MS、手机、终端等）

3. 开环、闭环和外环；移动台（MS、手机、终端等）、基站

4. 前向外环功率控制；前向闭环功率控制

5. 并不先中断与原基站的联系（只要表明了这个意思的答案均可）

四、简答题

1. CDMA 系统所采用码有哪几种？它们各自的作用是什么？

答：Walsh 码、长码、短码三种。Walsh 码前向区分信道，反向正交调制。长码前向加扰，反向扩频。短码前向正交调制，反向正交解调。

2. 两个相邻 PN 码之间的关系是怎么样的？

答：相差 64chips。

3. CDMA 1X 搜索窗的作用是什么？

答：搜索导频信号的分径信号。

4. 掌握功率控制的分类？

答：

前向：EIB 功率控制；前向快速功率控制；基于测量报告的功率控制。

反向：开环功率控制；闭环功率控制。

5. 掌握反向开环功率控制的原理，了解主要参数的配置。

答：反向开环功率控制的基础是前向链路的损耗和反向链路损耗相近的假设。

根据这个假设，移动台根据接收到的总功率估计前向链路损耗，然后再估计移动台的发射功率。

$$反向链路损耗(dB) = 基站发射功率(dBm) - 移动台接收功率(dBm)$$

6. 反向开环功率控制有哪些缺点？

答：反向功率是由前向链路的传输统计量进行估测，但是前向、反向两个链路并不相关，误差较大。

接收功率中受相邻基站的影响，在小区边缘误差会较大。

开环功控提供估计值，不准确，需要闭环校正。

7. 描述反向闭环功率控制（内环和外环）的整个过程，它们的功控速率各是多少？

答：内环：BTS 根据当前的反向 Eb/Nt，在业务帧中填功控比特。800 次/秒。

外环：BSC 根据当前 FER 得到的 Eb/Nt 的设定值。800 次/秒。

8. 为什么说 CDMA 系统是自干扰受限系统？

答：因为 CDMA 系统容量受 CDMA 系统总干扰的因素限制。

9. CDMA 功率控制的目的是什么？

答：

（a）控制基站，移动台的发射功率，首先保证信号经过复杂多变的无线空间传输后到达对方接收机时，能满足正确解调所需的解调门限。

（b）在满足上一条的原则下，尽可能降低基站，移动台的发射功率，以降低用户间的干扰，使网络性能达到最优。

（c）距离基站越近的移动台比距离基站越远的或者处于衰落区的移动台发射功率要小。

10. CDMA 功控的基本原则是什么？

答：

（a）达到系统要求信号质量的条件下，发射功率最小。

（b）基站从各个移动台接收到的功率相同。

11. 什么是处理增益？它是如何计算的？它有什么特点？

答：处理增益理解为最终扩频速率与信息速率的比；

处理增益 $= E_b/E_c$

特点：处理增益越大，反向干扰越小，前向覆盖越少。

12.请归纳 Walsh 码，长码和短码在前向的作用？

答：

Walsh 码：前向区分信道，反向调制

短码：前向区分扇区或调制，反向：正交解调

长码：前向信道扰码，反向扩频

13.CDMA 系统前向可以使用的 PN 码有几个？这些 PN 码之间是什么关系？

答：前向可以使用的 PN 码有 512 个；周期为 2^{15}chips 周期，最小的偏移单位为 64chips，即 PN 码之间最小相位差为 64chips。

14.软切换的优点与缺点分别是什么？

答：

优点：降低了越区切换的掉话率，在覆盖不是很好的地方提高通话质量；

缺点：至少 2 倍的空中资源，更多的消耗信道资源。

15.什么是远近效应？

答：所谓远近效应，就是指当基站同时接收两个距离不同的移动台发来的信号时，由于两个移动台的功率相同，则距离基站近的移动台将对另一移动台信号产生严重的干扰。

16.功率控制的好处是什么？

答：可以延长电池的使用寿命；降低网络干扰；在移动中保持通话的连续性和提高网络的服务质量，有效的解决远近效应和提高系统容量。

17.什么叫自干扰系统，并说明 CDMA 系统自干扰对系统容量的影响。

答：由于 m 序列并不是真正的正交码，所以 CDMA 系统是自干扰系统。所谓自干扰是指干扰来自系统内部，而不是系统外部的干扰对系统的影响。如果能找到一个满足条件的完全正交码，系统容量将会增加很多。在不考虑外界干扰的情况下，对于一个语音用户速率为 9600bps 的 CDMA 系统，其一个扇区容量最大可以达到 1228800/9600＝128 个用户的容量，容量是现在的 4 倍。即由于系统的自干扰，系统损失了 3/4 的容量。

第 2 章

一、单选选择题
DAABD

第 3 章

一、单选选择题
BAADD　CCBDC

注解：

有效导频信号集：所有与移动台的前向业务信道相联系的导频信号。

候选导频信号集：当前不在有效导频信号集里，但是已经具有足够的强度，能被成功解调的导频信号。

相邻导频信号集：由于强度不够，当前不在有效导频信号集或候选导频信号集内，但是可能会成为有效集或候选集的导频信号。

剩余导频信号集：在当前 CDMA 载频上，当前系统里的所有可能的导频信号集合（PI-

LOT_INCs 的整数倍），但不包括在相邻导频信号集，候选导频信号集和有效导频信号集里的导频信号。

二、判断题

TFF

注解：同步信道帧长为 26.666ms，一个同步信道超帧为 80ms。

三、简答题

1.搜索窗的作用是什么？如果 SRCH_Win_A 设置成 6，对应的码片数为 28（±14），表示的含义是什么？

答：

（a）搜索窗作用：确保 MS 能搜索到导频集中 PN 偏移的多径信号。

（b）表示以到达的第一个多径分量为中心，在左右各 14 个码片的范围内搜索多径分量，并进行合并。

2.什么是切换？切换分为哪些种类？各自的特点是什么？

答：切换是这样的一个过程，当手机从一个基站的覆盖区域移动到另一个基站的覆盖区域时，它依然保持与移动交换局的通信。

通话切换包括硬切换、软切换以及更软切换。

软切换：开始与新的基站进行通信，但是不中断原来的通信链路。

更软切换：由于共用一个 BTS，占用很少的资源；手机可以在多个 BTS 和小区之间执行复合式的软-更软切换。

硬切换：分为不同系统间的硬切换，不同运营商的硬切换，同频硬切换和异频硬切换，其中异频硬切换又包含手机辅助硬切换、直接硬切换、伪导频硬切换及 HAND DOWN 硬切换四种。

3.切换的目的是什么？

答：保证移动用户通话的连续性，恰当的切换算法有利于降低系统掉话率，增加网络容量；接入期间的切换主要是为了减少主被叫接入失败，提高接入信道工作的可靠性。

为什么软切换/更软切换一定发生在同频扇区之间？

答：因为异频扇区之间的切换属于硬切换，且手机不能同时驻留在两个频率上，软切换/更软切换一定发生在同频扇区之间。

4.硬切换发生的场景有哪些？

答：无 A3、A7 接口时 BSC 间切换，异频切换，异厂家间的切换，省界间的切换。

5.什么是导频集？CDMA 系统中有哪些导频集？它们的定义是什么？它们的大小是怎样的？

答：导频集是导频（不同 PN 偏置）的集合，它们具有相同的 CDMA 频率。

导频集有：活动导频集、候选导频集、邻区导频集、剩余导频集。

各集合的作用如下。

激活集：所有分配给移动台与前向业务信道相关的导频。

候选集：不在活动导频集中的导频，但是移动台接收到的它的强度已经足够，可以被正确的解调。

相邻集：不在活动导频集和候选导频集中的导频，它们是可能用于切换的候选导频。

剩余集：目前系统中所有其他可能的导频（必须是 PN_INC 的整数倍），根据目前分配给 CDMA 系统的频率。

激活集为 6 个，候选集 10 个，相邻集为 40 个，剩余集为不在以上 3 个集合的导频的以外所有导频的集合。

6. 剩余集的作用是什么？

答：防止邻区漏配。

7. 手机什么时候发送 PSMM 消息？T-ADD、T-DROP、T-TDROP、T-COMP 这几个参数的作用分别是什么？

答：当信号大于 T-ADD、低于 T-DROP 时手机会发送 PSMM 消息。

T-ADD、T-DROP、T-TDROP、T-COMP 这几个参数的作用如下。

T_ADD：导频信号加入门限。实际值＝－T_ADD/2（dB）。

T_DROP：导频信号去掉门限。实际值＝－T_DROP/2（dB）。

T_COMP：活动集与候选集导频信号的比较差值。实际值＝T_COMP/2（dB）。

T_TDROP：导频信号去掉定时器。

8. 有哪几个前向搜索窗？其作用是什么？

前向搜索窗有：SRCH_WIN_A、SRCH_WIN_N、SRCH_WIN_R。

SRCH_WIN_A：Active Set 和 Candidate Set 的搜索窗大小。

SRCH_WIN_N：Neighbor Set 的搜索窗大小。

SRCH_WIN_R：Remain Set 的搜索窗大小。

9. 简述几个搜索窗之间的设置关系

答：Srch-Win-A 是活动和候选集合的搜索窗口尺寸。

Srch-Win-A 是移动台用来跟踪活动和候选集合导频的搜索窗口，应该根据传播环境进行设置，它要足够大能够捕获所有有用的导频信号，同时又不能太大而减少导频搜索时间。

Srch-Win-N：邻域集合的搜索窗口尺寸。

Srch-Win-N 是移动台用来跟踪邻域集合导频的搜索窗口，通常情况下该窗口的尺寸比 Srch-Win-A 稍大，能够捕获服务基站所有有用的多径信号，而且还能够捕获可能的邻域的多径信号。

Srch-Win-R：剩余集合的搜索窗口尺寸。

Srch-Win-R 是移动台用来跟踪剩余集合导频的搜索窗口，通常情况下该窗口的尺寸比 Srch-Win-N 相等或稍大。

第 4 章

一、多选选择题

1. ABCD 2. ABCD 3. ABCD 4. AD

二、判断题

FT FTT FTTF

三、填空题

1. 1mW，$10\lg$（功率值 mW/1mW）

2. $10\lg$（甲功率/乙功率）

3. $2^{42}-1$，2^{15}

4. 0.5

5. $D>10\lambda$，$h/D\leqslant11$（h 是天线高度，D 是天线间隔）

6. 1.5

7.2.15

8.单极化，双极化

9.20

10.半波振子、工作频段、输入阻抗、驻波比、极化方式、增益、波束宽度、下倾方式、方向图、前后比、旁瓣抑制和零点填充、功率容量、三阶互调、天线口隔离（以上任意 5 个）

四、简答题

1.天线的作用是什么？

答：在移动通信系统中，天线的作用就是建立各无线电话之间的无线传输线路。辐射和接收无线电波；发射时，把高频电流转换为电磁波；接收时把电磁波转换为高频电流。

2.简述半波振子的定义。

答：两臂长度相等的振子叫做对称振子。每臂长度为 1/4 波长、全长为 1/2 波长的振子，称半波对称振子。

3.如何定义天线的极化方向？

答：天线辐射的电磁场的电场方向就是天线的极化方向。

4.通常移动通信系统采用单极化天线的极化方向是什么方向？双极化天线的极化方式为什么方式？

答：单极化天线的极化方向是垂直极化方向。双极化天线的极化方向为 ±45° 双线极化。

5.天线的分类是什么？

答：按照辐射方向分为全向天线和定向天线；按照极化方式分为全向天线、单极化定向天线和双极化定向天线；按照外形分为板状天线、帽形天线、抛物面天线、鞭状天线。

6.天线的主要电气指标是什么？

答：工作频段，天线驻波比，波束宽度，天线增益，前后比，零点填充

7.天线增益的单位有哪两个？它们的关系是什么？如何理解天线增益与功放增益的不同。

答：天线增益的单位有 dBd 和 dBi；关系：$x\,dBd = (2.15 \times x)\,dBi$；天线增益是无源的，功放增益是有源的。

8.通常采用什么来描述天线的方向性？天线的发射和接收方向性是否相同？

答：天线方向图；一致。

9.比较半波振子和全向天线的方位图有什么区别？

答：全向天线的辐射面长，半波振子的辐射广。

10.全向天线是不是在空间所有方向上的辐射特性都是一样的？如果不是，又如何理解全向天线的"全向"的含义？

答：不是一样的；全向的含义其实就是天线以水平 360° 的角度覆盖整个平面，是从覆盖的方向性上讲的。

11.半波振子在最大辐射方向（接收方向）上的增益是多少？

答：2.15dBi（0dBd）。

12.简述零点填充、半功率角、主瓣、旁瓣等概念。

答：由于天线一般要架设在铁塔或楼顶高处来覆盖服务区，所以对垂直面向上的旁瓣应尽量抑制，尤其是较大的第一副瓣。以减少不必要的能量浪费；同时要加强对垂直面向下旁瓣零点的补偿，使这一区域的方向图零深较浅，以改善对基站近区的覆盖，减少近区覆盖死

区和盲点。在方向图中通常都有两个瓣或多个瓣，其中最大的瓣称为主瓣，其余的瓣称为副瓣。主瓣两半功率点间的夹角定义为天线方向图的波瓣宽度，称为半功率角。

13.当基站铁塔较高时，基站铁塔下面的信号不好的现象叫什么？在天线电气指标中，哪项指标用于克服这一现象？

答：塔下黑现象，零点填充。

14.天线的前后比的定义是什么？

答：天线前向功率与天线反向输出功率之比，典型值为 25dB。

15.天线波束宽度的定义是什么？一般工程上使用的天线的水平波瓣宽度和垂直波瓣宽度大致范围为多少？天线的水平波瓣宽度和垂直波瓣宽度之间的定性关系是什么？

答：主瓣两半功率点间的夹角定义为天线方向图的波束宽度。水平波瓣宽度一般为 $60°\sim65°$，垂直波瓣宽度一般为 $7°\sim15°$。反比。

16.电下倾天线有哪两种？电下倾天线的优点是什么？

答：固定电下倾，可调电下倾。优点是下压角度过大时波瓣形状不发生畸变。

17.反射系数、回波损耗、驻波比是用来反映天馈系统的什么性能的？在工程上，天馈系统驻波比差的可能原因是什么？

答：反射系数、回波损耗、驻波比是用来反映天馈系统的匹配特征的。

原因为：天馈系统的工艺问题、天馈线的拆损、硬件问题等。

18.天线驻波比的范围是多少？

答：一般要求天线驻波比小于 1.5。

19.市区、郊区、农村、公路、隧道、室内对于天线选择有何要求？

答：（a）市区基站天线选择：通常选用水平半功率角 $60°\sim65°$ 的定向天线；一般选择 15dBi 左右的中等增益天线；最好选择带有一定电下倾角（$3°\sim6°$）的天线；建议选择双极化天线。

（b）郊区基站天线选择：根据实际情况选择水平半功率角 $65°\sim90°$ 的定向天线；一般选择 $15\sim18$dBi 左右的中、高增益天线；根据实际情况决定是否采用预置下倾角；双极化和垂直极化天线均可选用。

（c）农村基站天线选择：根据具体情况和要求选择 $90°$ 或 $120°$ 的定向天线或全向天线；所选的定向天线增益一般比较高（$16\sim18$dBi）；一般不选预置下倾天线，高站可优先选择零点填充天线；建议选择垂直极化天线。

（d）公路基站天线选择：一般选择窄波束、高增益的定向天线，也可以根据实际情况选择 8 字型天线、全向天线；公路基站对覆盖距离要求高，因此一般不选预置下倾角天线；建议选择垂直极化天线；所选定向天线的前后比不宜太高。

（e）对使用微蜂窝进行室内覆盖、隧道覆盖等特殊情况，也可以选择分布式天线、泄漏电缆等。

（f）在城市密集地区，为了减少对邻区的干扰。多采用 $65°$ 天线；在郊区用户量少的地区，一般考虑选用 $90°$ 定向天线或全向天线。

20.说明天线高度、方向角和下倾角对网络性能的影响。

答：

（1）天线高度：

同一基站不同小区的天线允许有不同的高度。

对于地势较平坦的市区，一般天线的有效高度为 30m 左右。

对于郊县基站，天线高度可适当提高，一般在 40m 左右。

天线高度过高会降低天线附近的覆盖电平（俗称"塔下黑"），特别是全向天线该现象更为明显。

天线高度过高容易造成严重的越区覆盖等问题，影响网络质量。

（2）天线方位角：

天线方位角的设计应从整个网络的角度考虑，在满足覆盖的基础上，尽可能保证市区各基站的三扇区方位角一致，局部微调；城郊结合部、交通干道、郊区孤站等可根据重点覆盖目标对天线方位角进行调整。

天线的主瓣方向指向高话务密度区，可以加强该地区信号强度，提高通话质量。

市区相邻扇区天线交叉覆盖深度不宜超过 10％。

郊区、乡镇等地相邻小区之间的交叉覆盖深度不能太深，同基站相邻扇区天线方向角不宜小于 90°。

为防止越区覆盖，密集市区应避免天线主瓣正对较值的街道。

（3）天线下倾角：

天线下倾角度必须根据具体情况确定，达到既能够减少相邻小区之间的干扰，又能够保证满足覆盖要求的目的；

下倾角设计需要综合考虑基站发射功率、天线高度、小区覆盖范围、无线传播环境等因素；

密集市区考虑使用带有电下倾角的天线，郊区和农村使用机械下倾角天线。

第 5 章

一、单选选择题

BBDDB　ABAAC　BBAC

二、多选选择题

1. ABC　2. ABCD　3. ABC　4. DB　5. ACD　6. ABCD　7. ABCD　8. A，D
9. ABC　10. ABCD　11. ABC　12. ABCD　13. BCD

三、判断题

FTTTT

四、填空题

1. 1500，57

2. 170

3. 20，184

4. 3，4（或者 4，3）

5. $n \times PN\_INC$、$n \times PN\_INC + 168$、$n \times PN\_INC + 336$

五、简答题

1. 说出 5 条以上的基站选址的具体原则。

答：站址应尽量选在规划网孔中的理想位置，其偏差不应大于基站半径的 1/4。

在不影响基站布局的情况下，尽量选择现有设施，以减少建设成本和周期。

市区边缘或郊区的海拔很高的山脉（与市区海拔高度相差 100～300m 以上），一般不考虑作为站址，一是为便于控制覆盖范围，二也是为了减少工程建设的难度，方便维护。

新建基站应选在交通方便、市电可用、环境安全及少占良田的地方。

避免在大功率无线电发射台、雷达站或其他干扰源附近建站。

新建基站应设在远离树林处以避开接收信号的快速衰落。

在山区、岸比较陡或密集的湖泊区、丘陵城市及有高层金属建筑的环境中选址时要注意信号反射及时间色散的影响。

建网初期基站数量较少时，选择的站址应保证重点地区有良好的覆盖。

尽量不要让天线主瓣沿街道、河流等地物辐射，避免波导效应产生的导频污染或孤岛效应。

2. 网络规划需求分析需要收集哪些方面的数据？分别有什么作用？举出至少 5 个例子。

答：覆盖需求，包括覆盖范围和重点覆盖区信息；容量需求，包括整体和重点覆盖区；现有资源、频谱利用情况、无线环境、建网思路、需要达到的标准等。

3. 基站勘测的准备工作中，常用的必备工具有哪些？

答：常用的工具有数码相机、GPS 卫星接收机、指南针、尺子、便携电脑、角度仪、望远镜、测距仪等。

4. CDMA 系统中，基站不合理的布局可能带来哪些不良的影响？

答：覆盖不足；

站间距过大；

系统负荷过量；

障碍物阻挡；

室内覆盖不足。

覆盖重叠过大，若基站数过多，站间距过小，前向功率分配不当，小区覆盖未能很好控制时会造成站间重叠区过大，最终导致导频污染、软切换比例过高、FER 抬高，甚至掉话。

5. PN_INC 的设置大小与什么因素有关？

答：PN_INC 的取值决定了不同小区导频间的相位偏移量。

PN_INC 越小，则可用导频相位偏置数越多，同相位导频间的复用距离将增大，这样将降低同相复用导频间的干扰。但此时不同导频间的相位间隔将减少，从而可能会引起导频之间的混乱。

当 PN_INC 较大时：可用导频相位偏置数减少，剩余集中的导频数减少，移动台扫描导频的时间也相应减少，强的导频信号发生丢失的概率减少，可用导频相位偏置数减少，同相位的导频间复用距离将减小，同相复用导频间的干扰将增大。

6. PN 规划的原则是什么？

答：两个导频间 PN 偏置的最小相位间隔决定了 PN_INC 的下限。那么，首先考虑两个导频间最小相位间隔受限的因素。

不同导频间的相位应具有一定的间隔，主要是基于以下原则。

其他扇区不同 PN 偏置的导频出现在本偏置的激活搜索窗口时，对当前扇区的干扰应小于某一门限。

相同导频的两基站间复用距离的考虑应基于以下原则。

采用同一 PN 偏置的其他扇区对当前扇区的干扰应低于某一门限。

第6章

一、多选选择题

1. ABC 2. ABCD 3. ABC 4. DB 5. ABCD 6. ABCD
7. ABCD 8. ABCD 9. E 10. C

二、简答题

1. 常见的覆盖问题分为弱覆盖问题、导频污染问题以及切换问题，分别掌握它们的概念以及可能引起的不良后果，并且能够从 RF 优化的角度提出解决措施。

答：（1）弱覆盖

概念：覆盖区域导频信号的 Rx 小于−95dBm。

后果：全覆盖业务接入困难、掉话；手机无法驻留小区，无法发起位置更新和位置登记而出现"掉网"的情况。

措施：增强导频功率、调整天线的方向角和下倾角，增加天线挂高，更换更高增益的天线；新建基站或 RRU。

（2）导频污染

概念：某覆盖区域激活集存在 3 个以上的导频，且两两之间的差值最大不超过 3dB，则该区域就为导频污染。

后果：干扰导致高 BLER，E_c/I_o 恶化；频繁切换导致高掉话率；干扰导致容量降低。

措施：天线调整、导频功率调整、采用 RRU 或微小区（小范围的小区）。

（3）邻区漏配

概念：强的小区不能加入激活集导致干扰加大甚至掉话。

后果：通话质量下降、掉话。

措施：优化邻区列表，工程参数调整（天线下倾角、方位角，天线高度、位置等）。

2. 越区覆盖可能导致的不良后果是什么？

答：切换失败、"岛"现象。

3. 如何判断前向链路是否良好？

答：通过 DT 测试，对指标 Rx_Power 进行分析，可以判断前向链路状况。

参考文献

[1] 李晓英，华成.我国电信运营商 3G 业务发展策略研究［J］.管理现代化，2007，(03)．

[2] 李玮.CDMA 系统的网络规划与优化［D］.北京：北京邮电大学，2012.

[3] 杨萍，杨济安.CDMA 2000-1x 网络规划与其优化研究［J］.电信快报，2008（10）：31-34.

[4] 袁超伟，陈德荣，冯志勇.CDMA 蜂窝移动通信.北京：北京邮电大学出版社，2003.

[5] 张萍.CDMA 2000-1x 无线网络规划方法［J］.通信技术，2003（09）：79-80.

[6] 张重阳.数字移动通信技术.西安：西安电子科技大学出版社，2006.

[7] 姚美菱.移动通信原理与系统.北京：北京邮电大学出版社，2006.

[8] 薛晓明.移动通信技术.北京：北京理工大学出版社，2007.

[9] 姚美菱.移动通信技术.北京：化学工业出版社，2016.

[10] 方晓农.CDMA 运营商 LTE 核心网部署策略简析［J］.电信快报，2013（03）：20-23.

[11] 王刚，张利艳.CDMA 2000-1x 技术及其发展［J］.电信快报，2002（10）：9-12.

[12] 宋燕辉，第三代移动通信技术.北京：人民邮电出版社，2009.

[13] 张玉艳，方莉.第三代移动通信.北京：人民邮电出版社，2009.

[14] 姚美菱，无线接入技术.北京：化学工业出版社，2014.

[15] 周祖荣.CDMA 移动通信技术简明教程.天津：天津大学出版社，2011.

[16] 汪成锋.浅谈 CDMA 网络规划中的 PN 码规划［A］.内蒙古通信.2013（1）：4.

[17] 中兴 CDMA 2000-1x-EVDO 通信系统［J］.通信世界，2004（15）：54.

[18] 韩露.3G 时代移动运营商竞争策略探讨［J］.中国数据通信，2005，(04)．

[19] 王书荣.CDMA 网络规划与优化技术及其应用研究［D］.南京邮电大学，2013.

[20] 尚帅，第四代移动通信系统（4G）关键技术及安全威胁综述［J］.保密科学技术；2011（03）．

[21] 张继东.CDMA 2000-1x EV-DO Rel.A 无线网络特点及其部署策略［J］.电信快报，2009（09）：3-4.

[22] 邹洁，田增山，张河勇.基于多手持中继的 CDMA 终端联合定位跟踪系统［J］.重庆邮电学院学报（自然科学版）；2006（06）．

[23] 刘光杰.CDMA 1x&EVDO 网络邻区优化思路与探讨［J］.中国新通信，2014，16（02）：112-113.

[24] 姜宝峰.CDMA 1x 及 EVDO 网络的优化分析研究［D］.吉林：吉林大学，2013.

[25] 吉喆婵.朔州市电信 CDMA EVDO 无线网络优化［D］.北京：北京邮电大学，2012.